生物の進化と多様化の科学

二河成男

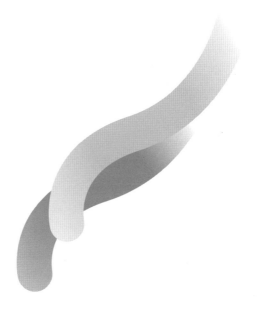

生物の進化と多様化の科学（'17）
©2017 二河成男

装丁・ブックデザイン：畑中 猛

まえがき

　オカピという動物をご存知だろうか。中部アフリカの熱帯雨林に暮らす珍しい外見をした動物である。オカピの足は，前後ともに上半分がシマウマのように白地に黒の横縞になっている。そのため，シマウマの仲間と考えられたこともあったが，実はキリンの仲間である。特に頭部はキリンによく似ており，大きな耳や，小さな角があり，細く長い舌をもつ。一方で，オカピはキリンのように，首は長くない。毛色も網目模様はなく，胴体から首にかけては濃い茶色である。また，キリンは群れを形成するが，オカピは単独行動が中心である。生息地もキリンは草原であるが，オカピは森林である。

　このようにオカピは個性的な動物だが，そのさまざまな特徴の中でも足の縞模様がやはり印象的である。このような模様をもつ理由は，熱帯雨林の中で身を隠すのに適しているとも，子どもが親を見失わないためとも言われている。オカピと同じ地域に住むウシの仲間のボンゴも，その胴体に茶色地に白い縦縞が入っているので，縞模様には何らかのはたらきがあるのであろう。

　オカピとキリンにまつわる，さらに不思議なことがある。オカピとキリンはキリン科に分類されているが，現在生きている生物でこの科に分類されているのは，この２種類だけである。他種は化石としてのみ存在する絶滅動物である。どうして，キリンとオカピが生き残ったのであろうか。また，それらの化石を調べた最近の研究では，キリンの首は長くなったが，オカピの首は逆に短くなったことがわかった。どうして，キリンの首は長くなり，オカピの首は短くなったのだろうか。

　そして，オカピとキリンの関係に，チンパンジーやゴリラとヒトとの関係と似たところがあるのも興味深い。チンパンジーやゴリラも中部アフリカの熱帯雨林に暮らしており，おそらく，ヒトとの分岐後にそれほ

ど大きくその生態を変えていない。オカピも同様であろう。一方で，キリンは草原に分布し，小さくても群れを形成し，陸上で最も背の高い動物となった。ヒトも草原に適した直立二足歩行を獲得し，他の生物に見られない複雑な社会性を発達させた。

　このような現象を科学的に探求するのが，生物の進化や多様化といった研究分野である。オカピは何の仲間か（系統関係），オカピの縞模様に何か効果があるのか（適応的な性質），オカピの縞模様はどのように生じたのか（適応的な形質の獲得），オカピの首はどうして短くなったのか，オカピとキリンはどうして別々の生物種になりさまざまな違いが生じたのか（種分化，多様性），といったことである。

　このような個々の進化の事例はわかりやすい。しかし，そのような知識だけでは観察された現象しかわからない。現象の背後にある基本的な原理がわかれば，推測や利用ができる。種分化がどのように生じて多様な生物種が形成されるのか，生物のもつ特徴にどういう役割があるのか，適応的な性質の獲得はどのように起こるのか，どうして生物ごとに異なる性質を獲得するのか，といった多くの生物に共通する普遍的な仕組みが原理である。

　本書では具体的な例に基づき，進化や多様化の原理について分かりやすい説明を試みた。そして，生物は細胞や分子の集合体でもあるので，化石や生態だけでなく，細胞や分子にまで言及している。進化や生物多様性は生物に普遍的で総合的な学問であるため，このように広い分野の知識も必要である。それらを身につけ，現象と原理の両面からアプローチすれば，進化や多様化に関わる問題をより楽しく，自由に考えることができるであろう。そして，オカピのような美しく謎に満ちた生き物が，よりいっそう魅力的に見えるようになるであろう。

2016 年 10 月

二河　成男

目次

まえがき　　　二河　成男　3

1　生物の進化と多様化　　　｜二河　成男　13

1．すばらしき生物たち　13
2．生物の進化　15
3．生物の多様化と進化　16
4．生物の進化について考える　17
5．生物の進化と多様化を調べる方法　19
6．まとめ　28

2　自然選択と適応　　　｜二河　成男　29

1．ダーウィンが示した進化のしくみ　29
2．自然選択による進化の具体例　31
3．人為選択　34
4．進化と遺伝情報　35
5．DNAと遺伝　36
6．個体差を生み出す突然変異　38
7．新たに生じた突然変異が生存や繁殖に与える影響　39
8．まとめ　41

3 中立進化と偶然　　　｜二河　成男　43

1. DNA やタンパク質の変異　43
2. 分子進化の中立説　44
3. 分子の進化に貢献する突然変異　48
4. 分子レベルの進化の特徴　49
5. 驚くべき速度で変化するウイルス　53
6. ほぼ中立な変異の固定　54
7. まとめ　55

4 生命の誕生　　　｜二河　成男　57

1. 生命誕生の痕跡　57
2. 初期の生命　60
3. 最初の自己複製分子　63
4. 生命の誕生，そして生物へ　68
5. おわりに　70

5 ミクロな生物の進化　　　｜二河　成男　72

1. 生物の共通祖先　72
2. 原核細胞と真核細胞　75
3. 3ドメインの系統関係　77
4. 真核細胞の誕生　79
5. 共生に由来する細胞小器官　83
6. 細胞と生物の進化　84
7. 真核生物の多様化　85
8. おわりに　86

6 カンブリアの大爆発と多細胞動物の起源　｜ 大野　照文　87

1. はじめに　87
2. カンブリアの大爆発　88
3. 多細胞動物の分類　88
4. カンブリア紀初めの動物界　91
5. ドウシャンツオ（陡山沱）の化石生物群：最古の多細胞動物化石？　95
6. エディアカラ化石生物群：多細胞動物か否か？　99
7. 生痕化石　101
8. 多細胞動物の爆発的進化を促した要因　101

7 顕生代の絶滅事件：オルドビス紀末を例に　｜ 大野　照文　108

1. オルドビス紀の地球　110
2. 絶滅の原因を解く鍵　116
3. 絶滅の原因諸説　116
4. 第一波絶滅の謎　121
5. 地球化学で謎を解く　122
6. まとめ　124

8 植物の陸上進出と多様化 | 長谷部　光泰　126

1. 植物とは　126
2. 陸上植物に最も近縁な緑色植物　128
3. 頂端分裂組織の進化　128
4. 配偶体と胞子体の頂端分裂組織形成，多細胞化，気孔　130
5. 並層分裂による生殖細胞を守る器官
　　　（造卵器，造精器，胞子嚢）の進化　132
6. 水通導組織　132
7. 陸上植物の共通祖先　133
8. コケ植物　134
9. 前維管束植物と維管束植物　135
10. リニア類　136
11. 小葉類　136
12. トリメロフィトン類　138
13. シダ類　139
14. 前裸子植物　141
15. 種子植物　141
16. まとめ　143

9 花の進化： 陸上植物の生殖器官の進化 長谷部 光泰 145

1. はじめに　145
2. 接合藻類の生殖　145
3. 前維管束植物：造卵器，造精器，胞子嚢の進化　146
4. コケ植物の生殖器官　148
5. 小葉類の生殖器官　149
6. シダ類の生殖器官　152
7. 種子植物の胞子嚢と胞子形成　154
8. 裸子植物の生殖器官　157
9. 被子植物の生殖器官：花　159
10. 花の多様化　161
11. まとめ　161

10 動物の発生と進化 工樂 樹洋 162

1. 進化発生学　162
2. 形態の相同性　163
3. 遺伝子から見る相同性　164
4. 左右相称動物の成立　165
5. 分節構造とホメオボックス遺伝子　167
6. 脊椎動物の出現　169
7. 形態進化のメカニズム　172
8. おわりに　173

11 ゲノムの進化と生物の多様化　｜ 工樂　樹洋　175

1．ゲノムとは？　175
2．ゲノムの構造　176
3．遺伝子レパートリの変遷　179
4．全ゲノム重複　180
5．反復配列　182
6．オミクス解析技術　183
7．ゲノム情報発現の高次制御　185
8．おわりに　187

12 寄生―その生態と進化―　｜ 深津　武馬　188

1．はじめに　188
2．寄生とは　189
3．寄生と捕食の共通性　190
4．寄生関係のいろいろ　191
5．寄生者――宿主間の対立，共進化，特異性　195
6．寄生者による宿主の操作　197
7．行動の操作　197
8．形態の操作　200
9．生殖の操作　201
10．ヒトに対する行動の操作　202
11．延長された表現型　204
12．おわりに　205

13 内部共生がもたらす進化   深津　武馬　206

1. はじめに　206
2. 生物の多様性と共通性　206
3. 進化生物学とは　207
4. 現在の進化学説　208
5. 進化の原材料である遺伝する変異の起源　209
6. 共生とは　209
7. 内部共生とは　210
8. さまざまな内部共生関係　211
9. 相互作用の種類および必須性による分類　212
10. 共生機能による分類　212
11. 共生部位による分類　218
12. 宿主間の伝達様式による分類　218
13. 生物進化における内部共生の重要性　222
14. おわりに　224

14 性と進化   二河　成男　226

1. 有性生殖と無性生殖　226
2. 有性生殖により創出される多様性　227
3. 有性生殖の長所と短所　230
4. 性に生じる進化　232
5. 性の分化　236
6. まとめ　238

15 人類の進化　　　二河　成男　240

1. ヒトの系統的位置　240
2. 化石人類の系譜　241
3. 現生人類はアフリカから世界に広がる　245
4. 現生人類の多様性　248
5. 脳の容量の拡大　250
6. 言語　252
7. まとめ　252

索引　254

1 | 生物の進化と多様化

二河　成男

《目標&ポイント》　地球上の生物は共通の祖先に由来する。そして，その共通の祖先から，現在の地球に生きるたくさんの生物種が生じた。この生物の多様化の筋道とそのしくみを明らかにすることが，進化生物学の課題である。ここでは，進化とは何か，多様化とは何か，そして生物の進化はどのようにして調べられてきたのかについて解説する。
《キーワード》　進化，多様化，化石，DNA，系統樹，生物種，相似，相同

1. すばらしき生物たち

　生物はさまざまな性質を備えている。例えば，ヒトであれば，言葉，表情，身振り手振りといった手段を使って仲間とコミュニケーションをとる。手や指を器用に操り，細かい作業を行う。あるいは，何時間も歩き続けることもできる。信じるということも，ヒト独特の性質かもしれない。これら以外にもさまざまなものがあるであろう（図1-1）。このような生きるための適応的な性質をもつ生物は，何もヒトだけではない。道端に生えている草花も，生きるためのさまざまな性質を有している。多くの動物には耐えられない夏の日差しの中でも，枯れることはない。これは葉で根から吸収した水分を蒸散させて，体を冷やすことができるためである。一方で，寒い冬でも葉が凍ることもない。これは地面に体を伏し，加えて体に糖分をためて凍結を防ぐことができるためである。また，多くの植物では，種々の配糖体という，動物にとって毒となる，あるいはおいしくない物質を合成し，食べられないようにしている。

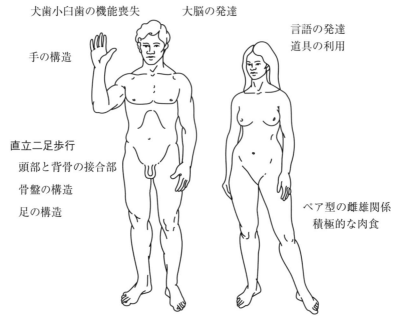

図 1-1　ヒトの特徴 （出典：NASA）

　これらの性質は，生物がその遠い祖先から現在に至る過程のどこかで獲得したことによって，備わったものである．獲得というと，どこかにすでに完成品があり，それを何らかの方法で手に入れたという意味になる．しかし，生物進化で使う，"獲得"という言葉は少し意味が異なり，"新しいが未完成で，効率もよくない性質が，長い年月をかけて世代を超えて伝わる過程で，徐々に改善される"ということを意味する．先に示した適応的な性質も，このような過程を経て獲得したものである．一方で，獲得した性質であっても，生存や繁殖に必要なければ徐々に失われる運命にある．このような時間の経過とともに，個々の生物種の遺伝的な性質が変化することを**進化**という．植物は，強い太陽光線や乾燥にも

耐えられる性質が進化して，やがて陸上のさまざまな領域に拡散した。ヒトは多彩なコミュニケーション手段を身につけ，それをより洗練させていった。これらが進化である。また，南西諸島のヤンバルクイナのように天敵がおらず飛ぶ必要がなくなり，やがて，翼が小さくなって飛べなくなったといった，一般的には**退化**と呼ばれる変化も，生物学では進化の1つに含める。

　一方で，生物は都合よく進化できるわけではない。空を飛びたいからといって，ヒトが自らの筋力のみで空を飛べるようになることはないだろう。植物が光のエネルギーから栄養を合成できるなら，動物でも光からエネルギーを合成すれば，食物の探索や狩りのために動き回ることもなくなるが，そのようなことは起こらない。これは各生物が変化できる範囲は限定されており，それを飛び越えることが可能であったとしても，膨大な年月がかかるためである。このように，生物の進化には保守的な面もある。

2. 生物の進化

　地球が誕生してから45億年も経ていることがわかったのは，20世紀である。18世紀までは，科学的な推定すらされておらず，地球や生物の誕生は数千年前程度と考えられていた。その当時の生物観は，各々の生物は，ほとんど変化しないものと考えられていた。ヒトはその誕生当初からヒトであり，現在もヒトである。他の生物も似たような理解であった。

　しかし，そのような定常的な世界観は，19世紀に入り徐々に変化してきた。人々は船を利用して世界中を旅行できるようになり，さまざまな地殻変動の証拠や多様な生物を目の当たりにすることになった。また，農作物，家畜，ペット，園芸種などでは，外観やその他のさまざまな性

質が異なるものが現れ，人為的にそれを維持し，より利用価値の高い，あるいは際だった特徴をもつものへと変化させることができるようになった。そして，何世代も世代を重ねるような時間経過があれば，自然環境においても生物は変化することが示された。このような発見を経て，徐々に生物は進化することが受け入れられるようになった。

現在，進化という言葉は，生物の教科書や読み物に出てくるだけでなく，さまざまなメディアで見聞きする一般的な用語になった。これらの情報からも，進化とはどのような現象かを知ることができる。ただし，生物学での進化と，一般的に使われる進化では意味が少し異なる。よって，生物学において進化とはどのような生命現象を指し示すのか。どのようにして進化が起こるのか。各々の生物はどのように進化してきたのか。進化は現在見られる生物の多様性とどのような関係にあるのか。このような生物学における進化の本質を理解することが大切であり，この本の目指すところである。

3. 生物の多様化と進化

現在の地球上には，実に多様な生物が存在する。そして，それらの生物は種類ごとに独自の方法で，その環境を利用して生きている。生物がこのような環境に適応した性質をもつに到ったのは，生物が進化というしくみを備え，実際に進化してきたためである。

また，現在の地球上の生物は，35億年以上前に誕生した共通の祖先に由来する。そして，その祖先から生物種の分岐（**種分化**）を繰り返してきた。そして，分岐した生物種は，独自の進化の道を歩んできた。このように長い年月の間，**生物種の分岐**と**進化**が継続して行われてきた結果，生物は多様化し，現在の地球上に見られる実に多様な生物相の形成に至っている。

生物が何かの原因で誕生したとしても，進化しなければ，このような多様な生物は存在しなかったであろう。また，生物種の分岐が起こらなければ，同様に全く違う地球となっていたであろう。つまり，この２つのしくみによって，現在の地球上に見られる，知られているだけでも200万種に近い（注：[1,899,587種（2016年）] 国際自然保護団体のウェブサイトを参照した。ただし，重複した記載も考えられ，はっきりした数字はわかっていない。本書でも統一した数値を採用していない。）多様な種類の生物種が形成されたのである。さらには，地球環境そのものも生物がつくり出していること（環境形成作用）を考えると，この多様な地球環境の形成にも，生物の進化というしくみが少なからず貢献していると言える。

4. 生物の進化について考える

生物の進化について，ここでは以下の４つの点を学ぶ（図1-2）。１つ目は，**どのような現象を生物の進化というか**である。これは，一般的に進化という言葉を使う場合と，生物学で使う場合は少し異なるので，その点に注目してもらいたい。生物学において，進化とは，広い意味では生命誕生から現在に至るまでの生物の変遷すべてのことをいう。これではあまりにも漠然としているので，実際はすでに述べたように，時間の

| 1 どのような現象を生物の進化というか |
| 2 進化のしくみ |
| 3 進化の結果，どのような多様化が起こったか |
| 4 どのような環境の中で進化や多様化が生じたか |

図1-2　本書で学ぶこと

経過とともに、個々の生物種がもつ遺伝的な性質が変化することを進化という。一方、普段の会話では、練習によって新しいことができるようになったときに、進化したという言い方をする場合もある。しかし、このような現象を生物学では進化とはいわない。何を進化と呼ぶかについては、具体例と共に進化のしくみを学ぶことによって、身につけよう。

2つ目は、**進化がどのように起こるのか**、そのしくみである。**進化は、生物種に起こる遺伝的な変化**である。したがって、この変化がどのようにして生じるかが、知りたいことである。その特徴は、生物個体に生じた変化が、その個体を含む生物種全体の変化へと至る点にあり、この積み重ねが、やがて洗練された生物機能の獲得にもつながる。

そして、進化は生物種のある個体の変化ではなく、生物種全体の変化であることを忘れないでおこう。また、進化は、各生物種のもつ DNA、つまり設計図が変化するしくみともいえる。設計図は本来複製の際に誤りが生じてはならないものである。しかし、生物の設計図である遺伝情報は複製時に誤りがわずかに生じるようにできており、それが進化を生み出す素となる。この進化が起こる基本的なしくみは、生物によらず共通している。

3つ目は、進化の結果として、**いつ、どのような生物が多様化したか、あるいは新たな性質を獲得したか**という点である。生物の多様化の歴史を見ると、ある特定の時期や生物群で、集中して多様化が起こっていることがわかる。一方、その多様化の陰で絶滅する生物もいる。これもまた進化の側面の1つである。

また、生物の性質においても、実にさまざまなものが進化によって生じた。祖先的で単純なものから、より発展した複雑で巧妙なものまで、生物種によって、異なる性質をもっている。また、全く種類の異なる生物種で、似たような性質が進化していたりもする。一方で、特定の機能

を失う生物もいる。

　これらの進化が，いつ，どこで，どのようにして起こったのかを知ることは，歴史研究に近いかもしれない。人類の歴史を知る手段が限られているように，生物の歴史も，そこで何が起こったかを知る手段は限られたものしかない。ゆえに，生物学の中でも進化という学問は，少しその解明が遅れている。他の分野は応用的側面も発展しているが，進化の分野では，いつ，どのような生物が現れ，多様化したか，あるいはさまざまな生物の性質がどのように形成されたかなどが，ようやくわかりだした段階である。よって，このような進化の歴史を解明するだけでも，まだまだ興味深いことが明らかになる。

　4つ目は，このような生物の多様化や性質の進化が，**どのような環境，あるいは他の生物との関わりで生じたか**である。生物の進化や多様化を調べていくと，環境や他の生物種と切っても切れない関係にあることがわかる。進化や多様化は，ある種の偶然性に左右されるため，さまざまな方向への発展の可能性を秘めているが，環境がその進化の方向性を限定する。

5. 生物の進化と多様化を調べる方法

　生物の進化や多様化を知るには，生物の総合的な理解が必要である。よって，その手法も古生物学からゲノム生物学まで多様である。その理解のために，基本的な方法や用語についてまとめておく。

(1) 化石と地層

　過去に生きていた生物の形や生活を知ることができるのは，それらが**化石**として残るためである。化石は，地層中に見つかる過去に生息していた生物の遺骸や活動の痕跡である。通常，生物が死んだ後の体は，微

生物に分解されたり，動物に摂食されたりするため失われる。しかし，分解や摂食が困難な硬い部分は，地層に埋もれ，長期間変化せずに残る場合もある。脊椎動物の骨や歯，軟体動物の貝殻などである。また，石化と言って，地層に埋もれた生物由来の組織はやがて鉱物に置き換わり，その形が保たれることもある。特殊な条件下では，柔らかい組織も化石となることやその形だけが残る場合があり，これらは貴重な化石資料となる。そして，このような生物そのものの化石だけでなく，足跡なども発見されることがある。

　化石のもう1つの特徴は，化石となった生物が生きていた時期を推定できる点である。これは化石を含む地層が何年前に形成されたかを，放射性同位元素の分析によって推定できるためである。この方法を**放射年代測定法**といい，ウランやカリウムなどの元素を利用する。

　同じ元素でも，安定で壊れにくいもの（安定同位体）と，不安定で壊れやすいもの（放射性同位体）がある。例えば，ウランの場合，地球上に主に存在するのは，ウラン235とウラン238である。どちらも放射性同位体であるが，ウラン235の方が壊れやすい。壊れるといっても，これら同位体を構成する核子（陽子や中性子）のごく一部が変化，あるいは飛び出すだけであり，どちらも最終的に鉛になる（図1-3）。また，カ

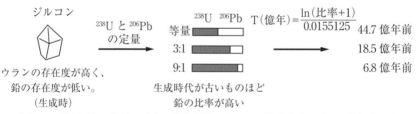

図1-3　ウラン（^{238}U）と鉛（^{206}Pb）を用いた放射年代測定

リウム 40 はアルゴンかカルシウムになる。

　そして，これらを用いて年代を推定できるのは，各放射性同位体の崩壊が時間に比例して一定の割合で生じるためである。一般的にこの一定の割合は**半減期**で表現される。半減期とは，ある放射性同位体の半分の量が，崩壊して別の元素になるまでにかかる時間である。ウラン 238 では 44 億 6800 万年，カリウム 40 は 12 億 4800 万年になる。極めてゆっくりであるが，一定の割合で崩壊するため，その岩石に含まれるウランやカリウムが，鉛やアルゴン（カルシウムからの推定は困難）に変化した量から，その岩石が生成された時期を推定できる。

　ただし，年代推定が可能な岩石は，これらの元素を含む火成岩のみである。火成岩とは，いったん液状になった鉱物が冷えてできた岩石である。マグマが冷えてできた玄武岩などはその代表である。火成岩はドロドロに溶けた状態では，岩石を構成する元素が一様に混ざり合わず偏りが生じる，あるいは気化して抜け出る。そして，冷えて岩石となった時点から，放射性同位体が崩壊した後の物質の岩石中への蓄積が始まる。よって，岩石に含まれる，放射性同位体の崩壊によって蓄積した物質の量を測定すると，その鉱物が固まった時期がわかる。一方，化石は堆積岩にできるため，化石の地層の上下にある，火成岩からなる地層が何年前にできたかを調べることによって，化石を含む地層がいつできたか，つまりは化石となった生物がいつ生きていたかが推定できる。

　化石の年代は，何年前という表現より，カンブリア紀やジュラ紀といった**地質時代区分**で表現される（図 1-4）。これらの地質時代区分は，その地層に現れる代表的な生物の化石によって区別されている。化石に見られる生物の進化や多様化は，"〜年前"という表現より，"〜紀の地層より見つかる化石"といった表現が一般的に使われるため，そのときはこの図を参考にしてもらいたい。

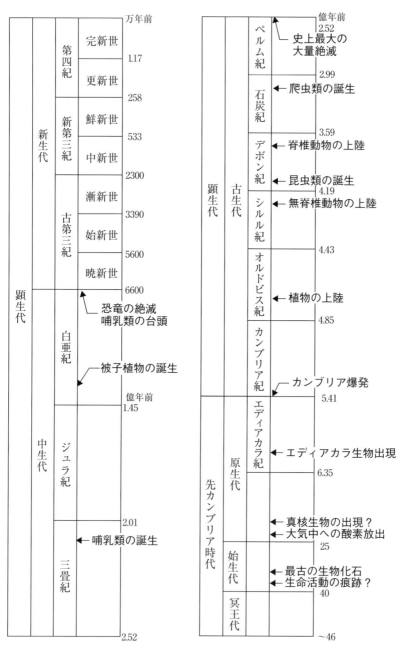

図1-4 地質時代の区分と生物進化

(2) **生物種と分類**

　生物学では，種という単位を生物分類の基本単位として用いる。ところが，種の単位を決める方法がいろいろあり，基本単位にもかかわらず，厳密に決定することが難しい。現在は，**生物学的種概念**によって，種を定義する方法が一般的である。そこでは，種とは自然条件下で交配し，他とは生殖隔離されている生物の一群と定義する。つまり，自然に生殖している生物集団を種とする。一方，異なる生物種も先祖をたどると同じ"生物種"に到達する。ヒトとチンパンジーも5-600万年前の祖先までたどれば，同じ生物種であった。これは，生物種は固定したものではなく，長い時間をかけて変化していくものであることを示している。よって，変化しつつある状態の生物群では，明確に生物種が決定できない場合もある。

　また，生物の分類では，祖先を共有するか，という遺伝的な類縁関係を基にして生物種を階層的にまとめている。小さい単位から順番に，属，科，目，綱，門，界，ドメインとなる。つまり，いくつかの生物種が集まって，属が形成され，また，いくつかの属が集まって科となる。よって，生物種を同定するということは，ある生物種を定義するとともに，各分類階級のどこに属すかも決めることになる。

　便宜的には，あるグループの生物を示す際に，哺乳類，鳥類，爬虫類といった言葉を使う。類というのはあくまでも先ほどの種，属などではなく，簡便的にある生物種の集団を表す言葉である。

　そして，生物種を定義することによって，**生物多様性**というものをある一定の尺度で測ることができる。多くの生物種が存在すれば，生物多様性が高いといえ，生物種が少ないと，生物多様性が低いといえる。また，生物種が少なくても，それらがさまざまな異なる科や目に属していれば，性質が異なる生物種が多数存在すること，つまり科や目レベルで

の多様性が高いことを示している。また、化石の情報があれば、いつごろ生物種の多様化が起こったかもわかる。

(3) 種分化

　生物が生物からしか生まれないように、生物種も生物種からしか生まれない。分岐によって新たな生物種が生まれる過程では、もともと存在する生物種からの**生殖隔離**が必要である。このようにして新たな生物種が生じることを、**種分化**あるいは**種形成**という。よって、生物は種分化を繰り返して、現在の多様な生物相を形成している。では、どうして種分化するか、つまりどのようにして生殖隔離が起こるか。その要因は多様である。例えば、1つの生物種が地理的に分断されることによって、分断された集団ごとに独自に進化し、やがて生殖隔離が生じる。これを**異所的種分化**という。また、同じ場所に暮らしていても、種分化が生じる場合もあり、これを**同所的種分化**という。

(4) 相同と相似

　異なる生物種の間であっても、類似の構造や器官が見られる。そのときに、それら異なる生物種の共通する祖先も、その構造や器官あるいはその基となるものをもっていた場合、これらの構造や器官は**相同**であるという。一方、共通する祖先がその構造や器官あるいはその基となるものをもたず、各々の生物種で独自にその構造や器官が進化した場合は、その構造や器官は**相似**であるという。魚類の胸鰭、鳥類の翼、哺乳類の前肢は相同である（図1-5）。一方、鳥類の翼と昆虫類の翅は相似である。一般的には、近縁関係にある生物ほど、相同な構造や器官が多い。しかし、祖先の特徴がわからないときに、一方の系統で構造や器官が退化してしまうと、近縁な関係であっても相同な構造を見分けることが難

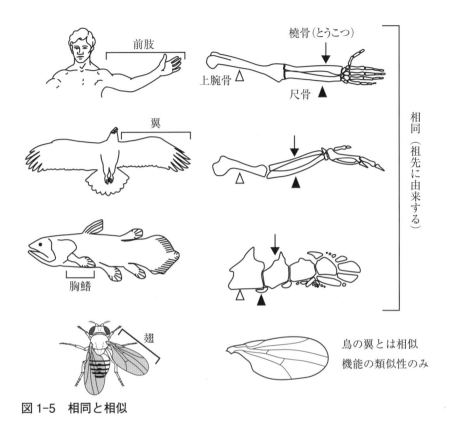

図 1-5 相同と相似

しい場合もある。

(5) **系統樹**

　種分化で生じた異なる生物種の間では生殖隔離が生じており、再び同じ種になることは基本的にない。よって、生物種の類縁関係を図示すると、樹が枝分かれして伸びていくような形になる。これを**系統樹**という（図 1-6）。樹に例えると根元にあたる部分が最も古く、枝葉の末端が最

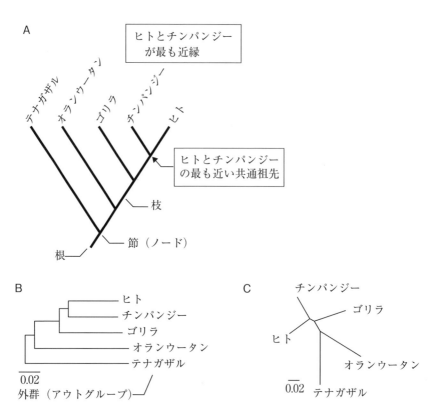

図 1-6 系統樹の見方
A：分岐の関係のみを示したもの（分岐図）
B：ミトコンドリア DNA の塩基配列から推定された分子系統樹（枝の長さ（横）が分子の変化率に相当する。）
C：星状系統樹

も新しい部分である。よって，比較的近年生じた系統の分岐は末端側に位置し，古くに起こった系統の分岐は根に近い部分に位置する。ただし，そのときは種分化であっても，現在から見ると現生種とその祖先を含む

系統の分岐に相当することになる。よって，系統樹の枝が分かれることは，「系統の分岐」あるいは，「分岐」と表現する。

　系統樹の各部位の説明は以下になる（図1-6B）。横の長い線を枝といい，線が交わる部分を**節**（ノード）という。縦の線の長さには特に意味はない。枝の長さは進化的な距離（あるいは時間）の長さを表す場合もある。したがって，古くに分岐した生物の子孫はお互いにより系統樹上で離れた関係であり，最近分岐した生物の子孫は系統樹上でも近い関係にある。

　よって，系統樹は生物の近縁性を表現した図である。そして，生物の近縁性の程度がわかれば，系統樹を描くことができる。近縁性を知る方法は大きく2つある。1つは，形や性質の類似性である。これは，似ている生物は近縁，それと比較してあまり似ていない生物は遠縁であるという仮定からなる。厳密に行うためには，さまざまな形や性質について比較することにより，近縁性を定量的に解析して，系統樹を作成する。もう1つの方法は遺伝的な類似性を尺度として，推定する方法である。遺伝的な類似性は，DNAに記された遺伝情報（塩基配列）の類似性を用いる。近縁な生物種間では遺伝的な類似性が高く，遠縁な生物種間では逆に低くなる。しかし，DNAの全情報は1つの生物種でも膨大なので，複数の生物種の関係を知るには，特定の領域のDNAを比較することで系統樹を推定できる。したがって，ある特定の遺伝子の塩基配列を決定すれば，その塩基配列を比較することにより生物の系統関係を知ることができる。リボソームRNA遺伝子やミトコンドリアのCOI遺伝子などが推定によく使われている。また，タンパク質のアミノ酸配列を用いる場合もある。

(6) 進化と遺伝子

　生物の形や性質などは，生物のもつ DNA に記されている。つまり，**DNA は生物の設計図あるいはレシピ**（作り方）である。よって，生物の進化の過程で形や性質が変化するためには，生物の設計図が変化することが必要になる。そのため，生物の進化の過程は，設計図である DNA の遺伝情報にも記されることになる。よって，生物のもつ DNA の遺伝情報を調べることによっても，生物の進化の過程が明らかになる。現在では，特定の性質や形の進化において，遺伝子の改変や，新たな遺伝子の作出が伴うことがわかってきている。

6. まとめ

　生物進化について，近年，ようやく知りたいことがわかるようになってきた。その一方で，現代の進化学は，古生物学，遺伝学，発生学，分子生物学，生態学といった生物学の広い知識が必要とされている。理解しにくい部分があれば，文献にある辞書や事典が参考になる。

参考文献

石川　統ら編『生物学辞典』（東京化学同人，2010 年）
日本進化学会編『進化学事典』（共立出版，2012 年）
カール・ジンマー『進化　生命のたどる道』（岩波書店，2012 年）
ニコラス・H・バートンら『進化　分子・個体・生態系』（メディカル・サイエンス・インターナショナル，2007 年）
兼岡一郎『年代測定概論』（東京大学出版会，1998 年）

2 | 自然選択と適応

二河　成男

《目標＆ポイント》　生物が時間とともに変化することが進化である。時間とともに変化するものは，何も生物だけではない。宇宙や地球も時間とともに変化してきた。また，さまざまな地形も，川の水や氷河の氷など，物理的な作用で変化している。一方で，生物の進化で特徴的なことは，環境に適応した性質が生じる点である。そのしくみを明らかにしたのがダーウィンである。このことによって，生物の環境への適応を科学的に説明できるようになったため，生物が進化することが認められた。この概略を紹介する。
《キーワード》　自然選択，変異，遺伝，適応，突然変異

1. ダーウィンが示した進化のしくみ

　ダーウィンは，1831年から1836年の約5年間にわたるビーグル号による南米での調査航海に同行した。この航海の中で，南米，ガラパゴス諸島，タヒチなどで生物や地質に関する観察と標本の収集を行った。その後イギリスに戻り，その詳細な研究を行う中で，生物が進化することを確信した。そして，マルサスの人口論に接し，生物でも生存競争が起こると考え，**自然選択**により生物に適応的な進化が生じると考えた。そして，1859年にそのことを記した『種の起源』を発表した。
　自然選択が起こるには，以下の3つの要件が必要である。1つ目は，**変異**というものである。変異があるとは，同一の生物種であっても個体ごとに違いがあること，つまりは**個体差**があることをいう。2つ目はその変異が**遺伝**することである。遺伝とは，生物の性質が親から子に伝わ

ることである。3つ目は、個体によって、残すことができる子の数が異なる、つまりは**生存や繁殖に関する性質に差がある**ことである。これは、**生存や繁殖に有利、不利がある**こととも いえる。このような条件が揃ったときに、自然選択がはたらき、その環境において生存や繁殖に適した性質が進化する。このことを仮想的な例で説明する。

　ある生物種を考えたとき、そこには通常、さまざまな変異（個体差）がある。そして、その変異のうち、遺伝する性質をもつものがある。例えば、栄養獲得能力に個体差があり、その性質が親から子に遺伝するとする。このようなときに、栄養獲得能力が高い個体は、そうでない個体より、早く成熟して繁殖に成功し、多くの子を残すことが期待される。なぜなら、自然環境では栄養となる資源は限られ、栄養獲得能力が高い個体は十分な資源を集められるが、栄養獲得能力が低い個体は、相対的に少ない量の資源しか集められないためである。このように生存や繁殖に有利な栄養獲得能力が遺伝するとき、栄養獲得能力が高い個体に由来する子の割合が繁殖を繰り返すごとに、徐々に増えることになる（図2-1）。あるいは、不利な変異をもつ個体が徐々に減っていくと見ることもできる。

　例えば、栄養獲得能力が高い個体を、口がより大きい個体に置き換えてみると、口が大きい個体が自然選択によって増えることになる。このような自然選択が長い年月にわたって続くと、もともとは少数の個体にのみ見られた性質が、世代を重ねる中でその生物種全体へとゆっくりと広まり、やがては生物種全体がその性質をもつように変化する。これを自然選択による**適応形質の進化**という。形質とは生物に見られる形や性質のことをいう。

　自然選択はまた、すでに適応している形質の現状を維持するはたらきをもつ。変異には有利なものもあれば不利なものもある。生存や繁殖に

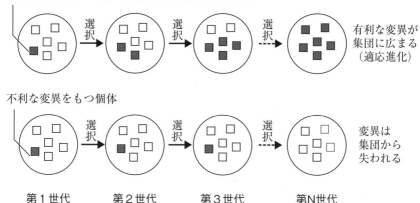

図 2-1　自然選択による適応形質の進化

不利な変異は，自然選択によって有利な変異とは逆にその割合が減少する。そして，やがてはその変異は生物種内から消失する（図 2-1）。よって，すでに適応している形質を損なう変異が集団中に広まることはない。

2. 自然選択による進化の具体例

　自然環境の中で，生物の自然選択による進化を観察することは難しい。自然選択のはたらきによる生物種の形質の変化が，観測できる程度の違いを示すには時間がかかることがその要因である。また，多くの生物では，自然選択の結果，すでにさまざまな形質が適応した状態になっており，生存や繁殖に影響を与える個体差があったとしてもわずかな違いであるため，観測が困難な状態にあるのかもしれない。ここでは，進化の教科書によく出てくる，あるガの体色の自然選択による適応形質の進化について説明する。

　オオシモフリエダシャクというガがいる（図 2-2）。成虫の体色が白黒

図2-2　オオシモフリエダシャク：淡色型（左），暗色型（右）
(出典：https://commons.wikimedia.org/wiki/File:Biston.betularia.7200.jpg by Olaf Leillinger)

のまだらな模様になっており，そのため霜降りと表現される。エダシャクというのは，その幼虫は植物の枝に擬態している点と，尺取り虫のような動きをする点にある。このガは，世界中に広く分布している。ただし，進化に関わる実験や観察が行われたのはイギリスである。

　このガの成虫の体色は，遺伝的に2種類あることが知られている。1つは，白黒のまだら模様（淡色型）であり，もう1つが黒（暗色型）である。これらの性質は遺伝する。この2つの体色の比率を調べたところ，比較的短い期間にその頻度が大きく変化したことがわかった。イギリス北部マンチェスターにおいての調査では，1848年時点で暗色型はほとんど発見されていなかったが，1895年には98％もの個体が暗色型になっていたのである。

　この原因を探したところ，大気汚染の程度と相関があると推測された。このガは，夜行性で昼間は樹の高いところの枝の付け根付近に止まってじっとしている。工業化以前の自然な状態では，それらの樹の表面は地衣類に覆われており，そこに止まっている淡色型の体色はよい隠蔽色（保護色）となり，捕食者から身を隠すことができた。しかし，産業革命後の工場や鉄道での化石燃料の使用により，大気が汚染され，地衣類が減

少し，樹の幹や枝も黒色化した．その結果，淡色型は捕食の対象となり，逆に，暗色型の体色がよい隠蔽色となり，その頻度を増やしたという説である．

実際に工業地域と農業地域で，印を付けた淡色型と暗色型のガを放ち，その後トラップを用いて再び回収し，どちらの型が捕食されやすいかが調べられた．その結果，予想通り，工業地域では淡色型が捕食されやすく，農業地域では暗色型が捕食されやすいことが示された．この実験は，進化そのものを実験したわけではないが，先の説を支持する結果である．

また，現在では進化の方向が逆転していることが知られている．イギリスでも大気汚染は問題となり，20世紀の半ばにすすを含んだ排煙を出すことが法律で禁止され，工業地帯でも大気の清浄化が進んだ．その結果，暗色型の頻度が低下し，再び19世紀前半の状態に戻ったのである（図2-3）．そして，この変化は体色に対して自然選択がはたらいた場合

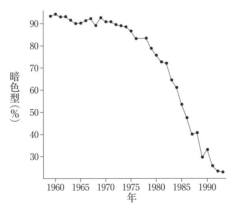

図2-3 オオシモフリエダシャクの暗色型頻度の年変化
(Clarke *et al.* (1994) The Linnean の表を元に作成)

に予想される変化とよく一致する。よって，自然選択によって，特定の隠蔽色を体色とする個体の集団中での割合が変化したことを支持する。現実の自然環境は，さまざまな要素が絡み合っており，また，体色の頻度は大きな地域差もあるため，移動の影響もあり単純ではないが，体色に自然選択がはたらいたことは間違いないと考えられている。

　これを先の自然選択の条件に当てはめると，以下のように説明できる。成虫に体色の変異がある。そして，その体色が遺伝する。環境条件によって，生存に有利な体色と不利な体色がある。有利な体色をもつ個体がより多くの子を残すことができるので，自然選択がはたらき，やがて有利な体色の頻度が高まるのである。そして，この環境条件がある時変化したため，運よく，自然選択によって，適応的な性質が進化した現場に立ち会えたことになる。

3. 人為選択

　ダーウィンは，自然選択が生物の進化に寄与することを示すため，人間の手によって品種改良された生物たちを例に挙げた。それらは，飼育されている動植物である。例えば，イヌがわかりやすいであろう。ご存知のようにさまざまな種類のイヌがいる（図2-4）。これは，人間の手で交配する系統を限定することによって維持されている。生物学的には異なる系統でも交配し，子を産むことができるので，どの系統も同じイヌという生物種である。しかし，実際には，系統内での交配が維持されており，系統ごとに異なる性質をもち，外見上は別の生物種のようにも見える。

　この外見や性質が系統ごとに異なるのは，人為的に特定の性質をもつ個体を選抜して，交配した結果である。自然選択では，子をたくさん残すことができる性質がその頻度を増していくが，人間の手による場合は，

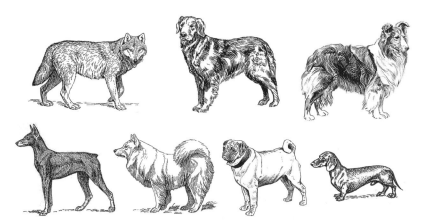

図 2-4　イヌの多様性（出典：Wikimedia Commons）
左上から　オオカミ（イヌの起源），ゴールデンレトリバー，シェットランド・シープドッグ
左下から　ドーベルマン，サモエド，パグ，ダックスフンド

何か都合のいい，あるいは気に入った性質を選別することができる。このようにして，特定の性質をもつ系統を作り出すことを**人為選択**という。

　これはイヌだけではない。多くの農作物や家畜は，野生の動植物から人間が人為選択によって品種改良したものである。さらには，現在でもその試みは続いている。私たちは進化の理論を知らずとも，進化にはたらくしくみの一部を利用していたのである。

4. 進化と遺伝情報

　自然選択の要素として，変異，遺伝，生存や繁殖に関する性質に差があること，の3つを挙げた。しかし，変異と何か，遺伝とは何か，を説明してこなかった。これらの点を理解するには，生物の遺伝のしくみを理解する必要がある。また，生存や繁殖に関する形質に差があることに

関しても，淡色型と暗色型の2つの型で決まると説明したが，では淡色型と暗色型は何の違いによって，ある個体は淡色型に，別の個体は暗色型になるのか，を知ることも場合によっては必要になる。このように，進化，あるいは自然選択による進化の各要素をたどると，それは遺伝情報とその機能，という問題に突き当たる。

5. DNAと遺伝

　生物の遺伝は，"親の遺伝情報の複製を子に伝達すること"によって成立している。この遺伝情報は，細胞の中にあるDNAという分子に刻まれている。よって，生物では，遺伝情報を記した親のDNAが複製され，子に伝達される。そして，子の細胞は，内部にある親由来のDNAがもつ遺伝情報を読み込んで，生命活動を継続する。DNAのもつ遺伝情報は，4つの文字の並びで表現でき，A，T，G，Cの4つのアルファベットが使われる。これは，人間にわかりやすいように表現したものである。実際のDNAには，**アデニン（A），チミン（T），グアニン（G），シトシン（C）**の4種類の**塩基**という炭素や窒素などの元素でできた構造が直鎖状に並んでいる（図2-5）。この並び方に遺伝情報が刻まれているのである。

　DNAのA，T，G，Cの並びを**塩基配列**という。この塩基配列に収

二重らせん構造　　　　　塩基はA-T, G-Cの対になる
（2本のDNA鎖が塩基で対合）

図2-5　DNAの二重らせんモデル（左）と塩基配列を示した模式図

められている情報は，タンパク質をつくるための情報である。**タンパク質**は，生体内でさまざまな役割を担っており，1つの細胞の中でも数千からそれ以上の種類のタンパク質が，DNA に記された遺伝情報からつくられている。タンパク質は**アミノ酸**が直鎖状につながった分子である。タンパク質に用いられるアミノ酸は 20 種類である。1つのタンパク質あたり数十から数百のアミノ酸が連なっている。そして，各タンパク質のアミノ酸の並び順の情報は，DNA のある特定の領域に記されている。この DNA 上の領域を**遺伝子**という（図 2-6）。1つのタンパク質に1つの遺伝子が存在し，その遺伝子がたくさん集まったものがその生物の遺伝情報の総体である。これを**ゲノム**という。

　ヒトのゲノムの場合，2万種類以上のタンパク質の情報が記されており，片親から受け取る遺伝情報が1セット分のゲノムに対応し，その総塩基長は 30 億塩基にもなる。細胞内には両親由来の遺伝情報をもつため，この2倍の長さの遺伝情報が保持されている。細胞内にある遺伝情報を保持する DNA は 46 本に分かれており，各々染色体という構造を形

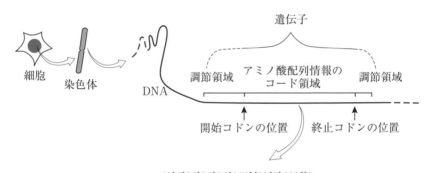

図 2-6　DNA，遺伝子，調節領域，コドン

成している。そして，染色体は細胞の中の核という構造内に収められている。

　遺伝子上では，連続する3つの塩基で1つのアミノ酸の情報に相当する。この3つの塩基の単位を**コドン**という。したがって，100のアミノ酸からなるタンパク質はDNAでは300塩基分の情報からなる（図2-6）。1つの遺伝子とその近傍には，このようなタンパク質1つ分のアミノ酸配列の情報に加えて，そのタンパク質をいつ，どのような条件の時に，どれだけつくるかということを調節する情報をもつ領域も含まれている。これを**調節領域**という（図2-6）。

6. 個体差を生み出す突然変異

　個体によって形や性質が異なる，つまり変異が存在する理由は，遺伝情報が個体ごとに異なることがその主因である。では，共通の祖先に由来する生物において，遺伝情報のコピーが伝達されるにもかかわらず，どうして個体間で遺伝情報が異なるのだろうか。それは遺伝情報を伝達する過程で，誤りが生じるためである。細胞が分裂して増殖する際，DNAは複製され，全く同じコピーが新たに生じる細胞に伝達される。ただし，この複製は生化学的な反応なので誤りも生じる。誤りのほとんどは修復される。ただし，修復されずに，遺伝情報に変化をもつDNAが分裂後の細胞に伝達されることがある。このような細胞内にあるDNAのもつ遺伝情報の変化を**突然変異**という。また，分裂時以外にも，細胞のDNAが損傷を受けることによっても突然変異が生じる。この突然変異の中でも，精子や卵子やその元となる細胞（生殖細胞系列）に生じたものは，子に伝わる可能性がある。そして，実際に子に伝わった突然変異が，変異（あるいは個体差）の要因となる。よって，**突然変異は変異の源であり，進化の原動力**となる（図2-7）。

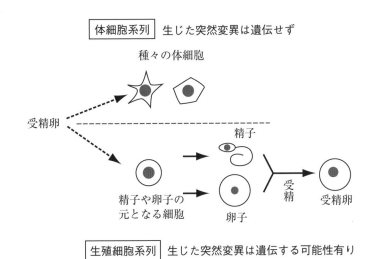

図2-7　生殖細胞系列と体細胞系列

　具体的にどのような変化が突然変異としてDNAに生じるか，確認しておこう。1つは，DNAの中のある塩基が別の塩基に変化することである（図2-8）。これを**塩基置換**という。また，1塩基分あるいはそれ以上の長さのDNAが**欠失**したり，**挿入**されたりといった突然変異もある。また，重複といってあるDNAの領域と同じ塩基配列のコピーが作られてそれが挿入されることも起こる。その重複が遺伝子を含むDNAの領域であれば，**遺伝子重複**という（図2-9）。その生物のDNA全体が重複することもあり，それは**ゲノム重複**という。遺伝子重複やゲノム重複は，余分な遺伝子が増えることになる。この増えた遺伝子領域に新たな突然変異が生じて，新しい機能をもつタンパク質の遺伝子となることもある。

7．新たに生じた突然変異が生存や繁殖に与える影響

　新たに生じた突然変異が，子孫に伝わる。その突然変異が生じたこと

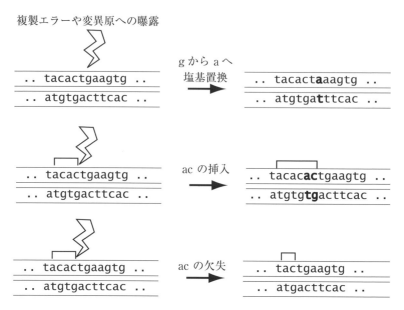

図 2-8 塩基置換，挿入，欠失による突然変異

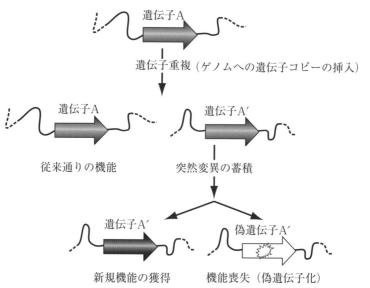

図 2-9 遺伝子重複による新しい機能をもった遺伝子の出現

により，生存や繁殖に有利な性質が生じ，それが自然選択によって，集団中に広まることが，適応的な性質が進化するためには必要である。しかし，突然変異は偶然によって生じる現象であるため，生物の生存や繁殖にとって，有利なものも不利なものも生じる。自然選択は，これを選別するしくみともいえる。突然変異によって新たに生じた変異のうち，生存や繁殖に不利なものは，自然選択によって排除される。一方で，生存や繁殖に有利なものは，その割合を高め，生物種全体に広まる。1つの突然変異による進化は，わずかな違いかもしれない。しかし，それを積み重ねることによって，人間が現代の科学の粋を集めても再現できないような，巧妙な適応的な性質をつくり出すことができる。

　オオシモフリエダシャクの淡色型と暗色型は，DNAの遺伝情報のある部分が違っているため，体色に違いがある。そして，DNAのコピーが子に伝達されるため，子に体色が遺伝する。どうして体色の変化が生じるかは，研究が進んでおり，あるDNAの領域に暗色型に関わる変異があることまではわかっている。しかし，現時点ではどの遺伝子に変化が生じて体色が変化するかまでは，わかっていない。

8. まとめ

　生物に生じる適応的な進化や形質の現状の維持において，自然選択は欠かせない自然現象である。自然選択が起こるには，変異，遺伝，生存や繁殖に関する形質に差があること，の3点が揃えばよい。また，遺伝のしくみと，変異を引き起こす突然変異についての知識も，進化の理解には必要になる。

参考文献

ニコラス・H・バートンら『進化　分子・個体・生態系』(メディカル・サイエンス・インターナショナル，2007年)

スコット・F・ギルバートら『生態進化発生学　エコーエボーデボの夜明け』(東海大学出版会，2009年)

日本進化学会編『進化学事典』(共立出版，2012年)

ダーウィン『種の起源』(岩波書店，1990年)

長谷川真理子ら『行動・生態の進化』シリーズ進化学(6)(岩波書店，2006年)

長谷川真理子『動物の生存戦略　行動から探る生き物の不思議』放送大学叢書(左右社，2009年)

Cyril A. Clarke et al. 1994. *A long term assessment of Biston betularia* (L.) *in one UK locality* (Caldy Common near West Kirby, Wirral), 1959-1993, and glimpses elsewhere. The Linnean 10(2):18-26

3 | 中立進化と偶然

二河　成男

《目標&ポイント》　生物が進化するということは，DNAに記された遺伝情報も変化していくことでもある。DNAに生じた突然変異がその生物種に広がっていく過程，つまり，分子レベルでの進化が生じるしくみは，自然選択だけでは説明できないことがわかってきた。このことを世界に先駆けて明らかにしたのが木村資生であり，その基盤となるのが分子進化の中立説である。DNAの塩基配列やタンパク質のアミノ酸配列から生物種の近縁関係や分岐年代を推定する手法においても，この理論がその基礎となっている。
《キーワード》　分子進化の中立説，遺伝的浮動，偶然性

1. DNAやタンパク質の変異

　ダーウィンが種の起源を発表して以降，徐々にではあるが，生物が進化すること，そして進化には自然選択がはたらいていることが，受け入れられていった。やがて，細胞や分子を扱う実験手法が発展し，実際の変異がどのようなものであるかを調べられるようになってきた。その結果，自然選択だけでは説明できない，予想外のことがわかってきた。1つは，生物種内に多くの遺伝情報の変異が見つかったことである。例えば，ショウジョウバエの染色体では，逆位という，長いDNAの塩基配列の前後が反転する変異をもつ染色体が多数発見された。また，酵素タンパク質の中にも，機能は同じだが多数の変異が集団中に存在することが徐々に明らかになってきた。

　このような変異が多数存在することを，自然選択で説明することは難

しい。例えば、生存や繁殖に有利な変異であれば、それが速やかに交配している集団、あるいは生物種全体に広まるはずである。また、不利なものであれば、集団から失われる。つまり、どちらにしろ、変異や個体差がなくなる方向に進化する。したがって、多数の変異があるということは、突然変異が生じる頻度がきわめて高い可能性がある。ただし、突然変異が生じる頻度が高すぎると、生存や繁殖に有利な性質にまで突然変異が生じ、適応的な形質の現状を維持することが難しくなる。また、種内の変異を積極的に維持するように自然選択がはたらいた可能性もある。そうすると、種内の変異を積極的に維持するには、集団の多様性が高いほど、個体の生存や繁殖が有利である、あるいは変異が多いことが有利であるといった、現実とは違った仮定が必要となり、理論的な説明が困難であった。

2. 分子進化の中立説

このような事実から、DNAに生じた進化の大部分が、生存や繁殖において有利でも不利でもない中立な変異が集団に広まった結果であることを、世界に先駆けて示したのは木村資生博士である。そして、このような中立な変異が広まる原因は、自然選択ではなく、**遺伝的浮動**という偶然性にあることを示した。これらのことは**分子進化の中立説**として広く知られている。その概略について順を追って説明していく。

(1) 突然変異の集団への固定

生じた突然変異が、自然選択などの機構によって、交配する集団（生物種）の中でその割合を増やしていく。やがて、その変異が、生物中のすべての遺伝情報に広がることを、**突然変異の集団への固定**という。固定と呼ぶのは、すべての遺伝情報に突然変異がいきわたると、それは突

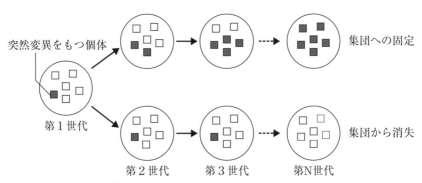

図 3-1　突然変異の集団への固定

然変異でも変異でもなく，その生物集団の共通する性質となるためである。オオシモフリエダシャクの例でいえば，暗色型が完全になくなって，淡色型のみとなる，あるいはその逆の現象が起こったときが，突然変異が集団に固定したことになる（図 3-1）。暗色型が工業地帯では増加したが，農業地帯では淡色型が存在したため，固定することがなかったのであろう。

(2) 中立な変異

　中立な変異とは，生存や繁殖において，有利でも不利でもない変異のことである。DNA の塩基配列を調べることによって，突然変異が起こっても，何も影響がないところがたくさんあることがわかった。遺伝子は，DNA の中に隙間なく詰め込まれてはおらず，ある程度隙間がある。また，アミノ酸の情報を保持する部分でも，塩基置換のようなわずかな突然変異なら影響がないところもある。

　変異の元となる突然変異は生存や繁殖への影響によって大きく 3 つのタイプに分けられる。生存や繁殖に有利なもの，不利なもの，そしてどちらでもない中立なものである。この 3 つの中では，有利な突然変異が

いちばん起こりにくい。あとの2つはどちらが起こりやすいかははっきりしない。では，一定の時間の中で，どの変異が最も多く固定するだろうか。集団に固定しやすい変異は，有利な変異である。しかし，その突然変異は起こりにくいので，固定する総数は少ない。不利な変異は，自然選択により排除されるので，これもまた少ない。よって最も固定する総数が多いのは，突然変異が起こりやすい中立な変異となる。このことを理解するために，中立な変異が固定するしくみについて見てみよう。

(3) 中立な突然変異の集団への固定

　自然選択による突然変異の集団への固定については，図2-1で説明した。有利なものは固定し，不利なものは消失する。一方，中立な突然変異には自然選択ははたらかない。では，どのようなしくみで集団に広まったり，消失したりするのであろうか。

　ある個体に黒色になる突然変異が起こるが，それは生存や繁殖に有利でも不利でもない，中立なものであったとする（図3-2）。このとき，世代を重ねていくと，黒色になる突然変異はどうなるであろうか。結果は以下の2種類である。1つは，黒色の突然変異をもつDNA（個体）がしだいに増加し，その集団全体のDNA（個体）が黒色の突然変異をもつDNA（個体）に置き換わってしまう。もう1つは，突然変異が集団から消失する。そして，どちらの現象が起こるかは，偶然（**遺伝的浮動**）に左右されるとするのが中立説である（図3-2）。例えば，黒色の個体だけが偶然自然災害を免れたならば，黒色の突然変異が集団に固定し，逆が起これば黒色の突然変異は消失する。しかし，その頻度はおおよそ決まっている。中立な突然変異の多くは集団から消失するため，固定する確率は低い。ただし，中立な突然変異の生じる頻度は高いので，固定する数は多くなる。

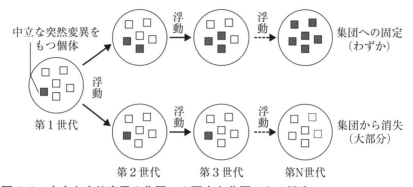

図3-2　中立な突然変異の集団への固定と集団からの消失
中立な突然変異の多くは集団から消失する．しかし，中立な突然変異は高い頻度で生じるため，集団へ固定する数は多い．

(4) 遺伝的浮動

　中立な変異が集団中に広まり固定されるかどうかは，遺伝的浮動という偶然性に支配されると説明した．しかし，中立な変異も，1つの配偶子上の突然変異がその始まりである．それが，偶然に集団に広まり固定されることを直感的に理解することは難しいかもしれない．少し詳しく説明しておこう．

　ある性質をもつ変異が，集団中にある割合であったとする．それが中立な変異であれば，偶然に左右されたとしても，次の世代でも同じ割合のままであると期待される．しかし，実際の生物の生きる環境では，偶然，少し多くなる場合や少し少なくなる場合がある（図3-3A）．そして，たまたま少しその変異の割合が高くなったとすると，次の世代ではその少し高くなった割合が基準となり，さらに次の世代では"次の世代"の実際の割合と等しい，少し高くなった割合になることが期待される．これを繰り返すことによって，ゆっくりではあるが，しだいにその変異が

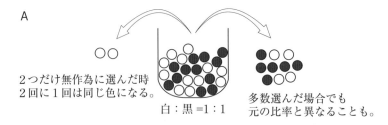

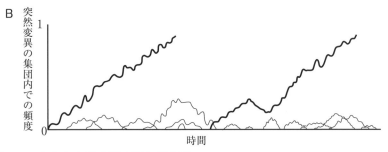

図3-3 中立な突然変異の遺伝的浮動

A：中立な突然変異では，次世代に伝達されるかどうかは，偶然に左右される。
ほとんどの場合，その割合は世代ごとにわずかに異なる。

B：中立な突然変異の推移。
1本の線が，中立な突然変異の生成と消失あるいは固定を示す。太線は集団に広まり固定した突然変異。細い線は消失したもの。多くはその頻度を増加させず消失し（図には示していない），一部のものも，わずかに増加するが，最終的には消失する。まれに集団に固定するものがある。

集団に固定したり，あるいは失われたりする（図3-3B）。ただし，ほとんどの中立な変異はその割合が低いうちに消失してしまう。

3. 分子の進化に貢献する突然変異

　中立説は自然選択を否定するわけではない。有利あるいは不利な突然変異は，自然選択により集団に固定するか消失するかが決まる。つまり，

突然変異の生存や繁殖に対する効果の違いによって，はたらく自然の法則が異なるのである。したがって，分子の進化においても有利な突然変異は集団に固定する可能性はきわめて高い。注意すべき点は，そのような有利な突然変異が起こる頻度がきわめて低いところにある。突然変異の多くは不利な突然変異や，中立な突然変異である。これは不自然に感じるかもしれない。しかし，多くの生物はすでにその生息環境に適応した状態になっている。よって，新たに生じる変化の多くは，適応した状態からの逸脱か，適応した状態に影響を与えないものであろう。

　例えば，ヒトの場合，遺伝子疾患の原因となる DNA の塩基配列上に見られる変異は数多く発見されているが，ヒトの能力を増大させることがわかっている変異や類人猿との遺伝的な差異はごくわずかである。したがって，分子レベルで見ると，有利な突然変異はほとんど起こらないため，分子レベルでの進化にあまり貢献しない。不利な突然変異はたくさん起こるが自然選択により集団から消失する。よって，たくさん生じやすい中立な突然変異は，その一部が遺伝的浮動という偶然により集団に固定するため，分子レベルでは進化に貢献することとなる。

4. 分子レベルの進化の特徴

　分子レベルの進化の特徴には中立説を支持するものが多数ある。その1つが**分子時計**である。1960年代にエミール・ズッカーカンドルとライナス・ポーリングが発見した経験的な法則であり，タンパク質のアミノ酸配列の進化は時間の経過とともに一定の割合で起こる，というものである。αグロビン（ヘモグロビンα鎖）というタンパク質のアミノ酸配列を例に説明しよう。骨が化石となって発見されるので，脊椎動物の化石データは比較的豊富にある。したがって，各生物群の分岐年代が正確に推定されている。そこで，それらの分岐に対応する脊椎動物のαグロ

ビンのアミノ酸配列を比較し，分岐後に蓄積したアミノ酸置換の数を計測した。これをグラフに示したのが，図 3-4 である。横軸は化石データから推定された分岐年代である。0 は現在を示している。縦軸は 1 つのアミノ酸あたりの置換数である。ヒトの α グロビンは 140 アミノ酸からなるので，縦軸の値に 140 をかけたものが実際に生じた置換数となる。図から分岐年代の値が大きくなるにつれて，アミノ酸の置換数が直線的に増加していくことがわかる。このことは，α グロビンは，脊椎動物では一定の速度で進化していることを示している。

このような分子進化速度の一定性は分子の進化に見られる特徴であるが，その速度は分子によって大きく異なる（図 3-5）。タンパク質は，酵素としての活性中心や他の分子と相互作用する部分，自らの構造を維持する部分など，生体内で機能を担うために重要な部分が存在する。このような機能や構造上重要な部分に位置するアミノ酸に変化を起こす突然変異の多くは，生物の生存や繁殖に不利であり，そのような突然変異は集団には固定しない。したがって，機能や構造上重要な領域がたくさん

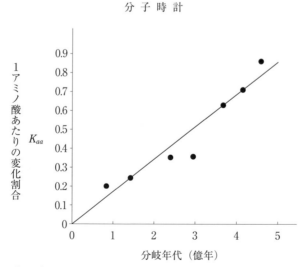

図 3-4　α グロビンのアミノ酸置換数と分岐年代との関係
（出典：『分子進化の中立説』紀伊國屋書店より改変）

あるタンパク質では進化の速度は低く，重要な部分がほとんどないタンパク質では進化の速度は高くなる。この表に示したタンパク質の場合，シトクロムCは，ミトコンドリアでのATP合成に関わるタンパク質であり，複数の触媒能をもち，複数のタンパク質と相互作用し，重要な役割を担っている。一方，フィブリノペプチドはフィブリノーゲンというタンパク質から切り出されて捨てられる部分であり，機能的に重要な部分はほとんどない。このようにタンパク質自身は固有の速度をもっており，それはタンパク質としての機能を維持しながら，変化可能な部分が全体のどれだけを占めているかに依存する。

　また，実際にタンパク質の情報を保持している遺伝子のDNA塩基配列の進化を調べてみても，同様にそのDNAの変化が，機能に影響を与えない部分でよく起こっていることがわかる。プロテインキナーゼ$C\alpha$というタンパク質リン酸化に関与し，細胞内の情報伝達の基本過程に関わるタンパク質の遺伝子について調べてみた（図3-6）。酵素の活性中心

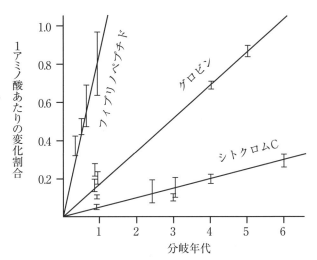

図3-5　分子進化速度の一定性（Dickerson（1971）J. Mol. Evol. 1:26-45 より一部改変）
タンパク質によって進化速度は異なるが，いずれもある程度分岐年代（時間）に対して一定性を示す。

をコードする領域の塩基配列をヒトとマウス（ハツカネズミ）で比較すると，いくつか異なる塩基座位があることがわかる。共通祖先から分岐後，ヒトないしはマウスへ至る系統で塩基置換をともなう突然変異が固定した結果，種間で塩基配列の相違が生じた。分子の進化において固定する突然変異が主に生存や繁殖に有利なものであるならば，それらは機能に関わる部位に起こると期待される。よって，タンパク質のアミノ酸配列を変える突然変異が起こるはずである。しかし，実際に起こった変化は，コドンの3番目やロイシンコドンの1番目の塩基など，タンパク質のアミノ酸配列に影響がないものである。このような突然変異は，個体の生存や繁殖に影響を与えない中立な突然変異である。なぜなら，プロテインキナーゼ$C\alpha$の機能にはまったく変化がないからである。このようなDNA塩基配列の変化は多くの遺伝子に見られるものである。分子の進化に寄与するのは，中立な突然変異であることが，この例からも明らかだ。

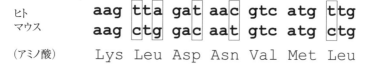

図3-6　プロテインキナーゼ$C\alpha$活性中心の塩基配列の比較
ヒトとマウスのアミノ酸配列を比較すると全く同一であるが，DNA塩基配列を比較するとかなり変化している（四角で囲った部分）。

5. 驚くべき速度で変化するウイルス

　何事にも例外は存在しており，生存に有利な変化がきわめて高頻度で起こる場合もある。ウイルスや寄生性の生物において，宿主の免疫の攻撃にさらされる部分等がそれに相当する。例えば，ヒト免疫不全ウイルス（HIV）の外皮タンパク質の一部は，アミノ酸の変化が他の領域と比べて極端に高頻度で起こる（図3-7）。このウイルスは，ヒトがもっている免疫機構だけでは防御しきれない厄介なウイルスである。ヒトの抗体はこのウイルスの外皮タンパク質を異物と認識して，排除しようとする。しかし，このウイルスを含むRNAウイルスは突然変異が起こる頻度が高く，次々と新しい外皮タンパク質をもつウイルスが出現する。既存の外皮タンパク質をもつウイルスは免疫機構に分解されてしまうが，新たな変異が生じた外皮タンパク質をもつウイルスの中には免疫機構をかいくぐることができるものがある。なぜなら，免疫機構は新たな異物を認識して排除できるまでに時間がかかるためである。したがって，HIV感染後にウイルスを経時的に採取しその塩基配列を決定していくと，この

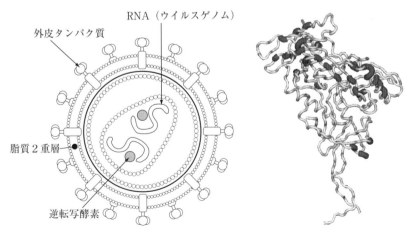

図3-7　ヒト免疫不全ウイルス（HIV）（左）とHIVの外皮タンパク質gp120の立体構造（右）
立体構造の濃い灰色で示した部分は，アミノ酸の変化が高頻度で起こっている部位。

外皮タンパク質の中でもヒトの抗体等の免疫に認識される部分が最も早くそのアミノ酸配列を変化していくことがわかる。つまり，突然変異により外皮タンパク質のアミノ酸が置き換わったウイルスのみが選択的に生き残っていくため，その部分が非常に速い速度で進化するのである。しかし，その影で，大量のウイルスが免疫機構によって壊されており，このような戦略が可能な生命体はごく一部のものに限られる。

6. ほぼ中立な変異の固定

　もう1つ分子レベルの進化の研究から，例外的な進化が見られることがわかってきた。それは生存や繁殖に不利なものでも集団に固定する可能性があることである。理論的には，遺伝的浮動の効果は有利あるいは不利な変異にもはたらく。しかし，自然選択の効果がより大きいため通常は考慮する必要はない。しかし，繁殖に関わる個体が少ない（集団のサイズが小さい）ときは遺伝的浮動を考慮する必要があることがわかってきた。例えば，図3-3Aのように選ぶ数が少ないときほど，偶然どち

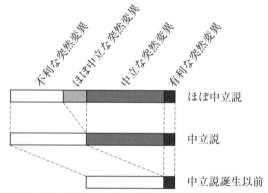

図3-8　中立説とほぼ中立説での突然変異の分類
色が濃い部分ほど固定しやすい。

らかの色にふれてしまう。自然選択が十分はたらくほどの有利さや不利さがあれば影響を受けないが，中立よりわずかに有利あるいは不利なものは強く遺伝的浮動，つまりは偶然性に依存する。これは少しだけ不利な変異（弱有害変異）への影響が大きい。有利な変異と比較すると，弱有害な突然変異は高頻度で生じるためである（図3-8）。

例えば，ある種の昆虫体内には，その細胞内で暮らす必須細胞内共生細菌が存在する。この細菌は，すでに宿主である昆虫の体の外では生きていくことができず，感染も雌の親から子へと卵を介して行われる経卵伝播によっている。つまり，母親からのみ子に感染する。そのため，これらの細菌はたとえ同じ種であっても，異なる宿主個体に由来すると，その後は遺伝情報を交換することはない。さらに感染時の量も少ないため，集団のサイズがとても小さい。このような細菌の多くは，そのゲノムが小さくなっているため，遺伝子の数が極端に少なくなっている。極端な例では，通常の細菌の20分の1程度になっている。また，タンパク質のアミノ酸配列の進化速度も上昇している。

そして，必須と考えられているタンパク質でさえ，その機能が失われてしまうことが起こる。したがって，このような遺伝子の喪失は，この共生細菌にとって不利益を生むと考えられるが，集団が小さいため，自然選択の要素より偶然の要素が強くはたらき，不利な突然変異であっても集団に固定したと考えられている。

このように分子レベルの進化であっても，遺伝的浮動や自然選択，あるいは突然変異の生存や繁栄への効果だけでなく，集団の大きさという生態学的な理解も必要となる。

7. まとめ

分子の進化に寄与する突然変異は，そのほとんどが生物個体の生存や

繁殖に有利でも不利でもない突然変異である。このような中立な突然変異は偶然によって集団中に固定される。分子時計と呼ばれる進化速度の一定性という特徴を利用して，DNAやタンパク質の配列データから生物の分岐年代や系統関係の推定が行われており，生命の進化に関わるさまざまなことが明らかにされるであろう。

参考文献

木村資生『生物進化を考える』（岩波新書，1988年）
宮田　隆『分子からみた生物進化 DNAが明かす生物の歴史』ブルーバックス（講談社，2014年）
日本進化学会編『進化学事典』（共立出版，2012年）
ニコラス・H・バートンら『進化　分子・個体・生態系』（メディカル・サイエンス・インターナショナル，2007年）
太田朋子『分子進化のほぼ中立説　偶然と淘汰の進化モデル』ブルーバックス（講談社，2009年）

4 | 生命の誕生

二河　成男

《目標＆ポイント》 地球はおよそ46億年前に誕生し，現在に至っている。その過程で生物は誕生した。しかし，私たちの知る，細胞という構造をもち，DNA に遺伝情報を保持する生物の誕生に至るまでには，いくつかの段階を経たと考えられている。まずは，物質が徐々に組織化し，原始的な生命活動が生じる。やがて，原始的な生命体が生まれ，現在の生物の基本的なしくみをもつ原始的な生物の誕生へという系譜をたどったと考えられる。まだまだ未知の部分がたくさんあるが，現時点での有力な仮説について説明する。
《キーワード》 化学進化，ミラーの実験，RNA ワールド，RNA 酵素

1. 生命誕生の痕跡

　地球上で，いつ頃，どのようにして，生物が誕生したか。これは多くの人が興味をもつことだが，未だはっきりしたことはわかっていない。しかし，現在のさまざまな技術を使うことによって，その謎が，少しずつ明らかになってきている。まずは，生物の化石を調べることからその手がかりがつかめている。現時点で，生物らしき形状が残っている化石で最も古いものは，現在のオーストラリア大陸西部の，約35億年前にできた岩石から発見されたものである（図4-1）。この付近では，30億年以上前の地層から，生物の化石らしきものが多数発見されている。これらが生物の化石であるかどうかは，証明できたわけではないが，現時点では最も確からしい生物の化石と位置付けられている。

　では，それ以前，生物は存在しなかったのか。現時点では，化石とい

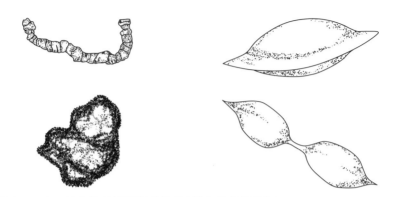

図 4-1　オーストラリア西部の約 35 億年前の微化石
((左上) Schopf Science (1993)（左下）Brasier *et al*. PNAS (2015)
（右上下）杉谷 2016 より）

う形では発見されていない。よって，現在のような細胞構造をもつ生物がいた証拠はない。しかし，38 億年前の岩石からも生命活動の痕跡を思わせるものが見つかっている。それは生命活動によって集積されたと考えられる，炭素のかたまりである。現在の地球上にも，きわめて古い岩石が見つかる場所がいくつかある。その中の 1 つがグリーンランドのイスア地方である。ここでは，炭素を含む 38 億年前の岩石が見つかっている。その岩石は変成岩といわれるもので，長期間，高い圧力にさらされたことがわかっている。よって，生物がいたとしても，その形状が残ることはない。しかし，もし生物や生命体がいたならば，それらを形成した元素は残っている可能性がある。先に述べたように，この岩石は炭素を含んでいる。問題は，この炭素が 38 億年前の生命活動に由来するものか，否かである。

このことを調べる方法がある。それは構成する炭素の種類の比率（安定同位体比）を調べ，そこから推定する方法である。炭素は，その構成要素の 1 つである中性子の数の違いによって分類できる。地球上で安定

に存在するのは2種類だけであり，炭素12と炭素13である。そして，その頻度は平均して，99：1となっている。

　炭素は生物のからだを構成する主な元素の1つでもある。その元をたどると，植物や細菌といった生物が，二酸化炭素を用いた炭素固定によってつくり出した糖（炭素化合物）に由来する。この炭素固定の際に植物や細菌は，より軽い炭素，つまり炭素12を優先的に利用する性質がある。その結果，これらの植物を食べる動物などの他の生物も含めて，生物のからだを構成する炭素は，わずかだが炭素12の割合が地殻や空気よりも高くなる。したがって，生物由来の炭素は，環境中に見られる炭素と比較して，炭素12の割合が高くなることが知られている。これは過去の生物由来の炭素にもあてはまり，同じ古さの地層にある生物由来の炭素と環境中の炭素を比較すると生物由来の炭素では炭素12の割合が高いことがわかっている（一般的には炭素13がどれだけ少ないかを示す：図4-2）。

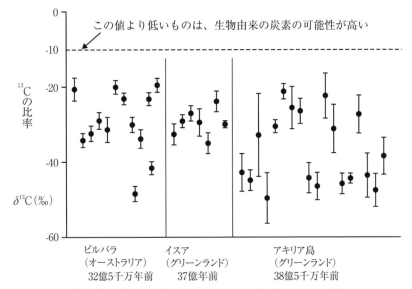

図4-2　始生代初期の地層の燐灰石に含まれる炭素同位体の比率

（Mojzsis *et al.* Nature（1996）より）

このような方法で，38億年前の岩石中の炭素を調べたところ，炭素12の比率が高いことがわかった。このことから，38億年前には生命体や生物が存在したか，何らかの生命活動によって，炭素が利用されていた可能性を示唆している。ただし，現時点では，さまざまな疑問点もあり，今後さらなる証拠の蓄積が必要であると考えられている。

2．初期の生命

生命誕生前後の物的な証拠は，ほとんど見つかっていない。現在は，さまざまな種類の生物や生物の体を構成している分子の化学的な側面から，生命の誕生について，実験的あるいは理論的なアプローチがなされているので，それを見ていこう。

(1) 化学進化

地球の誕生初期は，その周りに多くの小惑星があり，それらが地球に隕石として降り注いでいた。そのため，地球はきわめて高温で，液体状の水もなかったと考えられている。そして，その時点では，まだ現在の生物につながる生命は誕生していなかったであろう。やがて，その状況が治まり，海が形成されたのが，およそ40億年前と考えられている。この時代以降に生命が誕生したと考えられる。

生命の誕生における基本的な仮説は，1920年代にオパーリンやホールデンによって示された。彼らは独自に，生物が誕生する前にその素材となるものが必要であると考えた。つまり，最初に生命の誕生に必要な有機物が，無機物から生物が関与しない方法で合成，そして蓄積され，そこから最初の生命が誕生した，と考えた。この生命が誕生する以前の，生命の誕生に必要な物質の合成と，そこから生命が誕生した過程を化学進化という。また，この章では生命を，物質ではない組織的なものであ

るが，生物には及ばないものとする。

　では，具体的にどのような有機物が必要かを考えてみよう。現在の生物を構成する元素は，地球上に十分存在している。生物の体の中では，元素は複数がつながって，分子を形成している。生体内の分子の中でも，水のように生体外にも多量に存在するものもある。しかし，タンパク質，脂質，糖，核酸といった有機物は，生体外にはほぼ存在しない。オパーリンやホールデンは，これらの有機物が何らかの形で合成され，それが生命の素となったと考えた。

(2) **ミラーの実験**

　この仮説の一部は，1950 年代にミラーとユーリーによって，証明されることとなった。ミラーはユーリーとともに，以下のような実験を行った（図 4-3）。当時，原始地球環境の主要な大気成分と考えられていた，**メタン**，**アンモニア**，**水素**，**水蒸気**を混合し，高温に保ち，そこで雷を模した**電気的な放電**を行った。その結果，現生の生物の体を構成するタ

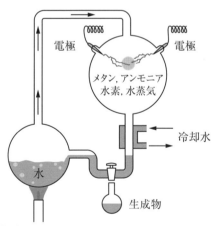

図 4-3　ミラーの実験

ンパク質の素となる，**アミノ酸**の合成に成功した。つまり，生物の存在しない原始地球の環境で，有機物の素が合成可能なことを世界に先駆けて示したのである。現在では，原始地球の環境はより酸化的な環境で，**二酸化炭素**などが主要成分の1つと考えられている。そのような環境でも同様に，アミノ酸を非生物的に合成できることが示されている。

　このアミノ酸を重合できれば**タンパク質**が生まれる。タンパク質は，生物においてほとんどすべてと言えるぐらい，さまざまな機能を担う分子である。そして，ミラーらの実験結果は，当時の地球環境では大量のアミノ酸が合成できた可能性を示唆している。一方，アミノ酸の重合は，アミノ酸を集積できれば，乾湿を繰り返すことによって非生物的に合成できる。したがって，アミノ酸が合成できればタンパク質様の物質が原始地球環境に存在したと考えることも十分可能である。こうして，オパーリンらの生命誕生の仮説はより現実味を帯びるものとなった。

(3) 核酸の非生物的合成

　タンパク質以外の重要な分子として，DNA や RNA を含む核酸が挙げられる。DNA は生物の遺伝情報，つまりは設計図を保持する分子であり，RNA はそれを読み出す際に利用される。どちらも，現在の生物においては必須の分子である。DNA は**デオキシリボヌクレオチド**，RNA は**リボヌクレオチド**という物質が重合したものである。したがって，これらが非生物的に合成できれば，現在の生物の基本的な部分が，原始地球環境に存在した可能性を示唆する。しかし，ミラーの実験のような，原始地球環境を模して何らかの強いエネルギーを与える方法では，リボヌクレオチドなどの分子を合成できない。その理由は，現時点ではこれらの分子を合成するには複数の化学反応が順番に起こる必要があること，その化学反応の条件が一様ではなく，温度を上げたり，下げたりと，反

応に応じて適切な条件を選ぶ必要があるためである。また，いくつかの反応では，ホウ素化合物などの反応を補助する物質も必要なことがわかっている。このように，現時点では困難な部分もあり，さまざまな改善が加えられているが，原始地球環境下で，デオキシリボヌクレオチドやリボヌクレオチドができることを示せるようになるには，もう少し時間が必要である。さらに，DNA や RNA に関しては，ヌクレオチドの非生物的な重合も容易ではなく，現在のところ特定の物質上でしか，無機的には重合させることができない。

3. 最初の自己複製分子

　生命の誕生において，非生物的に合成された小さな分子が，何らかのしくみで環境中に集約され，重合し，それを基に最初の**自己複製**する分子ができたと考えられる。この自己複製分子（生命）が，やがて生物となったとするのが，オパーリンらの考え方である。ではどのような自己複製分子ができたのであろうか。現時点では答えは出ていないが，大きく分けて2種類の説がある。1つは RNA 分子からなるとする説である。もう1つはタンパク質分子からなるという説である。前者は **RNA ワールド仮説**，後者は**タンパク質ワールド仮説**という（図4-4）。これらの説が生まれた背景について考えてみよう。

(1) タンパク質の問題点

　現在の生物では，タンパク質のアミノ酸配列情報は，DNA に保持されている。種々の分子によって，その情報が読み取られ，タンパク質が合成される。生物は異なる機能を担う，さまざまなタンパク質を合成し，生命活動を行っている。しかし，タンパク質には，DNA のような遺伝情報を保持するしくみはない。また，タンパク質のアミノ酸配列を読み

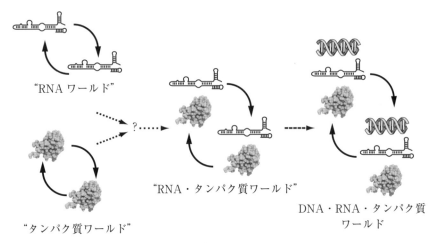

図 4-4　RNA ワールドかタンパク質ワールドか

取って，DNA や RNA の塩基配列に置き換える逆翻訳といったしくみも生物はもっていない。

　よって，アミノ酸の合成とその重合によるタンパク質様分子の合成を非生物的に行うことは可能であったとしても，その中で自己複製を行うものはできなかったであろう。できることは，でたらめにアミノ酸を結合して，その中で何らかの機能をもつものが出現するといった，効率の悪いものである。よって，このような形でできた分子が，化学進化の段階で，アミノ酸やその他の分子の合成に寄与した可能性はあるのかもしれないが，自己複製能をもつ分子となって，原始的な生命の起源となったとは考えにくい。

(2)　**RNA の可能性 —— RNA 酵素の発見**

　まずは RNA 分子の特徴について簡単に説明しておこう。RNA は DNA とよく似た物質で，DNA と同じく塩基をもつ。RNA の場合は，A，U，

G, C の 4 種類である。DNA の T（チミン）が RNA の U（ウラシル）に相当する。RNA が関連する生命活動としてよく知られているのは，**転写**と**翻訳**である。転写は DNA に記された遺伝情報を読み取ることをいう。そして，翻訳は，読み取った情報通りにアミノ酸を並べて，タンパク質の合成を行うことをいう。RNA は転写の際に読み取った DNA の情報を保存しておく分子である。そして，翻訳時には，その写し取られた RNA に保存していた情報がタンパク質のアミノ酸配列へと変換され，タンパク質が合成される（図 4-5）。

よって，RNA はタンパク質の遺伝情報をもつことができる。転写は DNA の塩基配列を RNA に写し取っているだけであり，逆に RNA の塩基配列を DNA に写し取る逆転写反応や，RNA の塩基配列を RNA に写しとるしくみを，生物はもっている。ただし，生物では転写も翻訳も，タンパク質のはたらきによって行われている。

また，ウイルスの中には自身の遺伝情報をもつゲノムとして，DNA でなく RNA を利用しているものもいる。このように，DNA はなくとも，生命の形成は可能である。しかし，RNA や DNA だけでは生物や生命とはならない。上記の転写や翻訳，その他の生物の活動に関わる化学反応

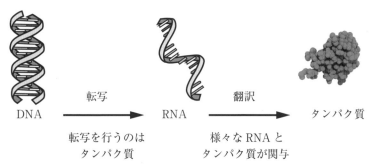

図 4-5　**転写と翻訳**

の触媒である酵素はタンパク質だけであり，他の分子は酵素として機能はもたないと考えられていたためである。しかし，1982年にアメリカのチェックらが**酵素**としての機能をもつRNA（**リボザイム**）を発見してからは，状況が大きく変化した。

　チェックは，テトラヒメナというゾウリムシの仲間の生物がもつ，あるRNAがその自身の塩基配列の両端の切断と結合を行う酵素としてはたらくことを発見した（図4-6）。適切な水溶液中であれば，タンパク質や他の分子がなくとも，この反応が起こることも示したのである。同時期に別のグループでも，類似のRNAを切断する酵素を発見した。さらに現在では，翻訳の際のアミノ酸をつなげる反応でも，RNAが酵素としてはたらいていることが明らかになっている。注意すべきことは，RNAがただ存在するだけで機能をもつわけではなく，特定の塩基配列をもつRNAがそれに応じた固有の機能をもつのである。

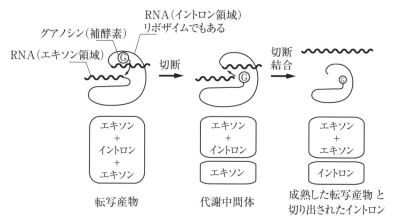

図4-6　チェックらが発見した酵素RNA（リボザイム）

(3) **RNA ワールド仮説**

これらの発見により，RNA には，DNA とタンパク質の両方の機能をもちうることがわかった．このことから，原始的な生命活動は，RNA が中心的役割を担ったとする説が発表された．これを **RNA ワールド仮説** という．

では，どのような機能をもてば，生命活動が生まれたといえるだろうか．いくつか考えられるが，重要なことは自己複製であろう．現在の RNA は，生体内で酵素としてそれほど多様な役割を担っているわけではない．タンパク質がその主な役割を担っており，自然界に存在する RNA の酵素としての役割は，RNA の切断，翻訳中のタンパク質へのアミノ酸の付加反応（ペプチド結合の触媒）等である．したがって，自己複製するような天然の RNA は見つかっていない．

ただし，現在では，RNA を人工的に設計，合成することが可能なため，さまざまな手法で新たな RNA 酵素を作成したところ，適切な条件

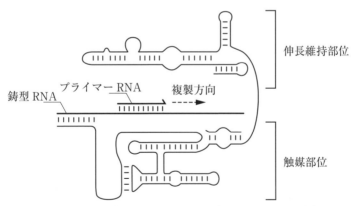

図 4-7　RNA を鋳型に相補的な RNA 鎖を合成する RNA 依存性 RNA ポリメラーゼ R18 の構造

下で，別のRNAを鋳型にして新たなRNAを合成できるRNA酵素が作製されている（図4-7）。現時点では200塩基の長さをもつRNAを合成できるようになっており，これだけの長さがあれば，酵素としての機能ももち得る。しかし，合成できることと自己複製できることは違っており，他のRNAは複製できるが，自分自身の複製にはまだ成功していない。酵素となるRNAは，特定の立体構造をとっており，鋳型にも酵素にもなれるわけではないようである。

このように，RNAは非生物的合成や重合のしくみは，解明の途上であるが，遺伝物質としての機能と酵素としての機能を併せもつことができ，自己複製可能な分子にいちばん近い存在である。したがって，RNAが最初の自己複製分子であり，そこから生命が誕生したとするRNAワールド仮説が，注目されている。

4. 生命の誕生，そして生物へ

自己複製が可能なしくみが生まれても，それでは生物とはいえない。例えば，先のRNAを合成するRNAの例とも関連するが，自身とそのコピーのみを複製できればいいが，そのような特異性がなければ，複製しやすいものだけが複製され，増殖する。つまり，既存のしくみを自分勝手に利用するものが現れる。例えば，隣の家にコピー機があれば，自身ではコピー機を買わず，隣の家のコピー機を借りて使用料を払わない状態である。よって，それを防ぐためには家に鍵をかけるのがよい。生命に話を戻すと，鍵の代わりに，自己複製分子だけを膜で包んでしまうなど，独立した区画を形成するのがよい。

この区画化はさらに有効な機能をもつ。自己複製分子は，自己複製を行うしくみだけでは，生物とはいえないが，すでに，自然選択のルールに影響を受けるものになっている。よって，自己を効率よく複製するも

の，つまりは，自身の子孫をたくさん残すものが増殖することになる。しかし，単純に増えるだけでは，その増殖に必要な資源を使い切ってしまうと増殖できなくなる。よって，そのようなことが起こらないように直接自己修復に関わらないが，増殖を支援するような RNA も同時に複製するような機構をもてば，増殖の効率が上がる。

　このように区画化は生物の本質の 1 つでもある（図 4-8）。細胞膜や，鉱物の微小な隙間など，小さな空間であれば，自分自身やそれを支援する因子を複製する確率が高くなり，その一方で必要のない因子を無駄に複製する可能性を減らすこともできる。細胞膜のように分裂できるもので包まれていれば，これはもう生物といえる。内部の因子を複製し，分裂によって，子孫を残すことができる。数が増えれば，遺伝的な多様性が生まれ，子孫を残す効率にも区画ごとに差が出てくる。やがて，化学進化によってつくられた資源はなくなるので，そのような環境に適応し

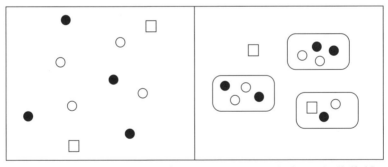

区画がない場合，必要な物質（○，●）が拡散し化学反応が起こりにくい。また，反応を阻害する物質（□）は，すべてに影響を及ぼす。

区画化された場合，必要な物質（○，●）が集合し，化学反応が起こりやすい。また，反応を阻害する物質（□）の影響も回避可能。

図 4-8　区画化

た遺伝的な形質をもつ，より生物に近い生命が増殖するであろう。このような段階になれば，進化のしくみがはたらくことになり，飛躍的に生命活動は効率が高まっていく。ここまでくれば，絶滅しなければ，世代を重ねていくとさまざまな進化が起こり，生物の祖先が誕生するに至ると期待される。

このように最初に化学物質から生じた生命は，自己の遺伝情報をもつ複製体が誕生すれば，生物の進化のルールに沿って，速やかに発展したと考えられる。

5. おわりに

地球上の生物がどのような過程を経て誕生したのか，という問題を突き詰めて考えていくと，元素の組成や，非生物的な化学反応，生体内の分子の化学的特性といった，生物学から少し離れたところから眺めることになる。これは，生物の誕生において，物質から生命に変化するところが課題となっているためであろう。

参考文献

松谷健一郎『オーストラリアの荒野によみがえる原始生命』(共立出版, 2016年)

J. William Schopf 1993, *Microfossils of the early archean Apex chert: new evidence of the antiquity of life*. Science 260:640-646

Martin D. Brasier et al. 2015, *Changing the picture of Earth's earliest fossils (3.5-1.9 Ga) with new approaches and new discoveries*. PNAS 112:4859-4864

Stephan. J. Mojzsis et al. 1996, *Evidence for life on Earth before 3,800 million years ago*. Nature:384 55-59

ニコラス・H・バートンら『進化 分子・個体・生態系』(メディカル・サイエンス・インターナショナル, 2007年)

Paul G. Higgs, Niles Lehman, 2015, *The RNA World: molecular cooperation at the origins of life*, Nature Reviews Genetics 16, 7-17 (RNAワールド仮説に関する最新の研究成果のまとめ)

Matthew W. Powner ら 2009, *Synthesis of activated pyrimidine ribonucleotides in prebiotically plausible conditions*. Nature 459:239-242 (核酸の前生物的な合成に関する論文)

5 | ミクロな生物の進化

二河　成男

《目標&ポイント》 地球上の生物には，1つの細胞が1つの個体に相当する単細胞性の生物と，複数の細胞から1つの個体が形成されている多細胞性の生物が存在する。単細胞性の生物は，小さいため普段目にすることは無いが，実は，環境を利用する能力においても，遺伝的な面においても，極めて多様であり，地球環境の形成や維持においても重要な役割を担っていることがわかっている。これらの機能と多様化のしくみを理解しよう。
《キーワード》 共通祖先，真正細菌，古細菌，真核生物，細胞小器官，細胞骨格，細胞内共生，ミトコンドリア

1. 生物の共通祖先

　現在の地球上に存在する生物は，共通の祖先に由来する。したがって，現在の地球上に存在する生物群の類縁関係を図で表現すると，1箇所から枝分かれして広がる樹状の形状を示す（図5-1）。そして，現在も生き

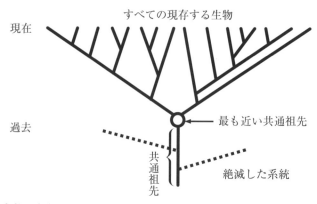

図5-1　生物の起源は1つ

ている生物群は枝葉の末端に位置し，それらのすべてが集まった幹の部分が，共通の祖先となる。専門的には，幹の中でも枝が分かれる直前の祖先を，最も近い共通祖先（most recent common ancestor, last common ancestor）という。これは，さまざまな生物の関係に用いることができる。例えば，チンパンジーとヒトの分岐においても，この2種が分岐する直前の共通祖先が，2種にとっての最も近い共通祖先となる。

では，全生物の最も近い共通祖先そのものは，どのような生物であったのか，あるいはどのような生物に由来するのであろうか。生物の共通祖先が生きていた頃の地球環境には，大気中に酸素ガス（気体状の酸素）はほとんど無かったことがわかっている。酸素ガスが無くても生存できる生物は，現在でも多数存在する。中には，酸素ガスがあると生きていけない生物もいる。このような生育に酸素を必要としない生物の性質を，**嫌気性**という。おそらく，生物の共通祖先も，嫌気性生物であったと推測される。

また，**従属栄養生物**か**独立栄養生物**かという点も推測可能である。従属栄養とは，生存に必要な炭素源（有機物）を，他の生物など外部からの摂取に依存することを指す。一方，独立栄養とは，生存に必要な炭素源を，無機物を利用して自身でつくり出すことを指す。共通祖先が存在した頃は，外部から炭素源を摂取できる可能性は極めて低いと予想される。化学進化の段階でつくられた有機物も地球規模で見ればごくわずかであったであろう。したがって，当時の主たる生物群は独立栄養生物であったと推測される。

では，そのような生物はどのような環境下で生存することができたのであろうか。現在の地球上の生物から考えると，独立栄養生物は，大きく2つのグループに分けられる。光をエネルギー源として利用する**光合成独立栄養生物**と，特定の無機物をエネルギー源として利用する**化学合**

成独立栄養生物である。前者は，太陽光を必要とする。現在の地球では，オゾン層が DNA に損傷を与える紫外線を吸収しているが，当時は大気中に酸素がほとんど無く，オゾン層も無かった。したがって，太陽が現在と同程度の活動をしていたなら，紫外線が大量に降り注ぎ，光エネルギーを利用する前に，紫外線で DNA や他の生体内の分子が破壊され，共通祖先は生きていけなかったであろう。そうすると，太陽光が届かない，深海や地殻の中しか生物が生存できるところはない。よって，その頃の環境においては化学合成独立栄養生物が主たる生物群であった可能性が高い。ただし，当時の太陽は現在ほど活発ではなかったので，ある条件下では，太陽光からのエネルギーを利用できたかもしれない。

一方，無機物を利用する生物はどこからその物質を得ていたのであろうか。有力な候補の1つに，深海底が挙げられる。海の底には，**熱水噴出孔**と呼ばれる，マグマに熱せられた熱水が地下から湧き出ているところがある。現在の地球の深海底には太陽の光が届かないため，あまり生物は存在しない。ところが，熱水噴出孔の周辺部だけは，深海底のオアシスのように，シロウリガイやハオリムシ，エビ (eyeless shrimp)，ユノハナガニといった大きな生物が豊かな生態系を形成している。これらの生物の生存に必要な炭素源を，熱水噴出孔から吹き出してくる物質を利用して，何らかの生物がつくり出しているはずである。詳しく調べた結果，熱水噴出孔からは，硫化水素，水素，メタン，二酸化炭素，鉄などが，吹き出していること，その生態系は，熱水噴出孔に由来する硫黄化合物やメタンをエネルギー源として，微生物が合成した炭素源によって維持されていることが明らかとなった。

では，原始の地球にも，このような熱水が海底で噴出している環境は存在したのであろうか。30億年以上も前の地層に，このような熱水噴出の痕跡らしきものがあることがわかった。したがって，化学合成を行う

独立栄養嫌気性という特徴をもった生物に，全生物の最も近い共通祖先が由来するという説は，理にかなっている。この仮説以外にも，現生の生物の最も近い共通祖先に関するモデルは多数ある。今後の研究の発展が待たれる。

2. 原核細胞と真核細胞

　生物がもつ細胞は，大きく2種類に分けることができる。そして，個々の生物は，どちらか1種類の細胞しかもたない。その2種類とは，**原核細胞**と**真核細胞**である（図5-2）。この2つの細胞の最も顕著な違いは，**核**という構造が存在するか，そうでないかという点にある。通常，核は，核膜という構造で包まれた球状の構造をしており，内部は主にDNAとDNAに結合しているタンパク質からなる。一方，原核細胞は，そのような核という構造をもたない。そして，DNAは細胞質ゾル中に存在している。真核細胞には，核以外にも膜で包まれた構造が存在し，それらを**細胞小器官**（オルガネラ）と呼ぶ。

　原核細胞をもつ生物は，真正細菌（バクテリア）と古細菌（アーキア）

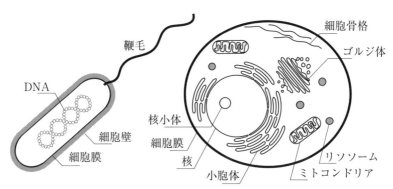

図 5-2　原核細胞（左）と真核細胞（右）の模式図

である。真核細胞をもつ生物は，文字通り真核生物（ユーカリア）という。大腸菌や枯草菌など，一般的によく知られる細菌は真正細菌である（細菌といえば通常は真正細菌のこと）。古細菌に分類される生物は温泉が湧き出るような高温の環境や，高塩濃度や高酸性環境などの特殊な環境，深海底やその他の酸素分子が極めて少ない環境といった真核生物では生存できないような特殊な環境で暮らしているものが比較的多い（表5-1）。真核生物には，動物，植物，菌類（キノコ，カビ，酵母），原生生物（単細胞性の真核生物）が属している。

表 5-1　古細菌の生息環境の特徴

主な古細菌	生息環境	環境の特徴
メタン生成菌	湖沼，海洋，反芻動物の胃の内部 熱水鉱床	嫌気的な環境
高度好塩菌	死海，塩湖，岩塩鉱床	高塩濃度（2.5-5.2M）
好熱性古細菌	温泉，海底火山の火口 熱水鉱床	摂氏80度以上に適応した種もいる

　真正細菌と古細菌をその形態や生態から区別することが困難である。培養困難なものが多いこともその要因の1つである。その分類は，基本的に遺伝子の塩基配列の比較から行っている。このように遺伝情報を用いて古細菌という分類群を初めて示したのが，ウーズである。そして，ウーズは生物は3つの大きなグループ，**真正細菌**，**古細菌**，**真核生物**に系統的に分類できるとする**3ドメイン説**を提示した（図5-3）。

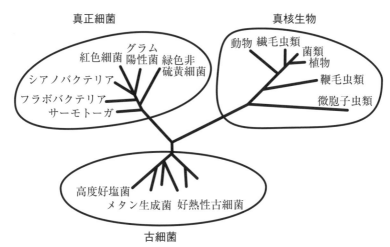
図 5-3 ウーズがリボソーム RNA 遺伝子を用いて推定した生物の系統樹

3. 3ドメインの系統関係

　生物が3ドメインに分かれることは，すぐに受け入れられた。その一方で，3ドメインの類縁関係，つまりは，3ドメインのうち，どのドメインが最初に他の2つから分岐したのかは，すぐには決着がつかなかった。当初は，リボソーム RNA（rRNA）やその遺伝子の塩基配列情報の類似性をもとに，系統関係を推定しており，3ドメインに分かれることを示すことはできた。しかし，3ドメインの分岐の順序は示すことができなかった。分子の配列情報を使って，生物の系統関係を探索する場合，**外群（アウトグループ）**と呼ばれるいちばん古くに分岐したことが明らかなデータを加えて解析する必要がある。このことによって，どこが祖先になるかが決まる。しかし，rRNA では，3ドメインの外群は存在せず，この図 5-3 のような放射状の分岐の中で，どこが最も古くに起こった分岐に相当するか決めることができない。他の遺伝子を用いた場合で

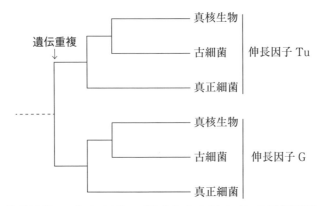

図 5-4　伸長因子 Tu と G を用いて推定した 3 ドメインの系統関係

も，同様に適切な外群が得られなかった。

　この一見，出口のない問題は，翻訳の際にはたらく必須のタンパク質である，伸長因子 Tu と伸長因子 G という 2 種類のタンパク質のアミノ酸配列を，同時に用いて系統を推定する方法で解決することができた。伸長因子 Tu と G は，タンパク質のアミノ酸配列の一部が類似している。どの生物も，両方に対応する遺伝子をもっており，これらの遺伝子は，3 ドメインが分岐する以前に，共通祖先において**遺伝子重複**によって生じたことが，系統解析からも明らかになった。これが意味することは，3 ドメインの伸長因子 Tu にとっては，伸長因子 G が外群となり，3 ドメインの伸長因子 G にとっては，伸長因子 Tu が外群となるということである。この発見により，3 ドメインの系統を知るうえで，適切な外群を用いて，タンパク質のアミノ酸配列から，3 ドメインの系統関係を明らかにすることに成功した。このような遺伝子重複を利用した方法（複合系統樹）により，3 ドメインの生物の系統関係は，まず，真正細菌と他の生物が分岐し，次に古細菌と真核生物が分岐したことが示された（図 5-4）。

4. 真核細胞の誕生

　この3ドメインの関係から，原核細胞がより祖先的な特徴をもった細胞であり，真核細胞は原核細胞から進化したことがわかる。この真核細胞の誕生が，植物や動物のような巨大な生物をつくり出し，さらには現在の地球環境を生み出したと言っても過言ではない。この真核細胞の誕生は，酸素発生型光合成の誕生という，生物による地球環境の大改変イベント（酸素ガスの大量発生）と大きく関わっている点も興味深い。

(1) 真核細胞の特徴

　真核細胞と原核細胞の違いに核の有無がある。核の役割は，遺伝情報を保持するDNAの保護であり，転写やその後のRNAの成熟が行われるのも核である。このような**細胞内の区画化**が，真核細胞の特徴でもある（図5-2右）。区画化の最大の利点は，細胞内に異なる環境をつくり出すことができる点にある。例えば，真核細胞の不要な物質を分解するリソソームの内部は，酸性の環境であり，その環境に適した酵素が収納されている。小胞体の内部は，細胞外部の環境に近く，細胞外部で利用する分子の合成が行われている。転写を核の中に限定することによって，ウイルスなどの外来DNAの安易な転写を防ぐことができる。

　また，真核細胞ではそれら区画間や細胞外部との物質輸送のしくみも発達している。その1つは**小胞輸送**と呼ばれるもので，輸送小胞という膜で包まれた小さな構造の内部に輸送する物質を包みこみ，区画の間や，区画から細胞外，あるいは細胞外から特定の区画へといった形で物質を輸送することができる。その輸送小胞を移動するしくみも真核細胞特有なものが備わっており，小胞を直接動かすタンパク質は，モータータンパク質といい，エネルギーを消費しながら輸送を行う。また，そのモー

タータンパク質が移動するレールとなるのが，チューブリンやアクチンというタンパク質でできた**細胞骨格**である。細胞骨格は，細胞の構造を支えるだけでなく，小胞輸送や細胞分裂時の染色体の移動にも関与しており，真核細胞の内部に網目のように張りめぐらされている。

　もう1つの真核細胞の特徴は，その大きさである。原核細胞の大きさは，一般的に1-5μmの大きさである。一方，真核細胞は10-100μm程度である。どちらも例外的に大きいものや小さいものはあるが，それらを除けば，真核細胞は原核細胞に比べかなり大きい。これも細胞内が区画化されていることや，物質輸送のしくみが発達していることなどがその要因であると考えられている。

(2)　**細胞内共生による真核細胞の誕生**

　3ドメインの系統関係から考えると，原核細胞から真核細胞が誕生したと考えられる。では，どのようにして真核生物が進化してきたのだろうか。実際に起こったことは現時点ではわかっていないが，1つの仮説

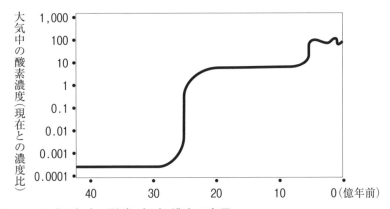

図5-5　地球大気中の酸素（O_2）濃度の変遷
縦軸は現在を100とした場合の比率

を紹介する。その説では，**細胞内共生**によって真核細胞が誕生したというものである。細胞内共生とは，ある生物の細胞内（宿主）に，別の生物の細胞（共生体）が入り込み，一緒に生活している現象である。真核細胞は，古細菌タイプの細胞に，真正細菌タイプの細胞が入り込んだことによって生じたと考えられる。

真核細胞が誕生したのは，20億年前かそれ以前と推定されている。これは，地球環境で酸素ガス（O_2）が増加し始めた時期の後である（図5-5）。この酸素ガスの増加は，現在の真正細菌に分類されるシアノバクテリアの祖先が，**酸素発生型の光合成**を獲得した結果である。酸素ガスの増加は，生物にとって少しやっかいである。酸素ガスは，反応性の高い物質に変化しやすい。そして，その変化した物質（例えば，活性酸素）は，毒性が高く，細胞に損傷を与える。現在の生物は酸素ガス由来の反応性の高い物質を除去することによって，細胞を守っている。一方，それまでの地球には酸素ガスはなく，酸素は別の元素と結合して水や酸化物として存在している。よって，酸素ガスの増加が始まった当初は，そのような毒性を除去するしくみをもつ生物はまれであり，毒性を除去できない生物は，絶滅に瀕した可能性が高い。そのような状況で酸素の毒性を除去できなかった生物の中で，除去できる生物を取り込む，つまり，共生することによって生き残ったのが真核細胞である（図5-6）。

真核細胞の祖先は，真核生物の系統的位置から推定すると，古細菌タイプの細胞であったと考えられる。そして，おそらく嫌気性であったであろう。その細胞が酸素の毒性を除去できる好気性の真正細菌を取り込んで，酸素ガスのある環境で生き残った。この取り込みのためには真核細胞特有の食作用の機能を既に保有していたかもしれない。その後，共生体の遺伝情報と宿主の遺伝情報を分離するために，細胞膜を利用して，宿主のDNAを保護する核が進化し，さらに，その過程で発達した細胞

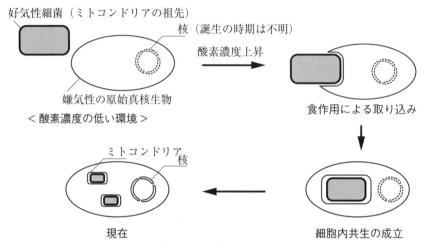

図 5-6　ミトコンドリアの細胞内共生

内部の膜構造を利用して，小胞体やゴルジ体などの膜で包まれた細胞小器官が進化してきたと考えられている．そして，真正細菌由来の共生体は宿主の細胞小器官の**ミトコンドリア**に変化し，核やその他の細胞小器官も進化して，現在の真核細胞の形になった．ただし，核を含む細胞小器官の形成，食作用や小胞輸送は，いずれも膜が関与する真核細胞特有の機能であり，その誕生時期は諸説ある．

　これらが，真核細胞誕生の仮説である．現在の真核細胞では，ミトコンドリア内で酸素由来の物質を解毒し，さらに酸素ガスを利用した効率のよい ATP の合成も行っている．よって，細胞内共生で共生体を獲得したことに，大きな利点がある．一方で，共生体（好気性細菌）の利点はよくわかっていない．細胞内共生が生じた時点で，宿主細胞は，他の細胞を貪食するような性質をもち，食物連鎖の上で上位にいたとすれば，そのような細胞の内部で，効率よく栄養が供給され，他の細菌やウイル

スからの攻撃を回避するシェルターとして利用すれば，共生体にも大きな利点があったと考えられる．

5. 共生に由来する細胞小器官

(1) ミトコンドリア

　ミトコンドリアが，もともとは別の生物の細胞で，細胞内共生によって，獲得されたことを示す証拠はいくつかある．まず，ミトコンドリアは細胞内で分裂によって増殖する．細胞と同様に，ミトコンドリアのないところからは，ミトコンドリアは生じない．また，その内部にDNAをもち，少数ではあるが自身で利用するタンパク質やRNAの遺伝情報を保持している．また，その内部でタンパク質を合成することもできる．さらに，そのゲノムDNAの塩基配列情報を調べたところ，真正細菌のアルファプロテオバクテリアという分類群に属する生物の遺伝情報と最も類似していることが判明した．以上より，ミトコンドリアは真正細菌の細胞内共生に由来することは間違いない．

(2) 葉緑体

　細胞内共生に由来する細胞小器官がもう1つある．それは**葉緑体**である．これは光合成を行う細胞小器官であり，陸上植物や，紅藻，褐藻等が細胞内に保持している．葉緑体もミトコンドリアと同様に自身のゲノムDNAをもつ．その塩基配列情報を調べたところ，先ほどふれた，**シアノバクテリア**の祖先に由来することがわかった．ミトコンドリアと比較するとその起源は新しく，真核生物が主要なグループに分岐した後に，共生が起こった．したがって，動物のように葉緑体をもたない真核生物も多数存在する．葉緑体による細胞内共生で興味深いことは，**二次共生**という現象である（図5-7）．これは，葉緑体をもつ真核細胞が，さらに

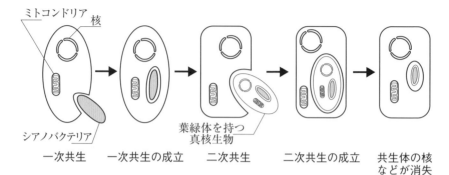

図 5-7 葉緑体の細胞内共生
陸上植物や紅藻などの葉緑体は，一次共生に由来する。褐藻やユーグレナ（ミドリムシ）などの葉緑体は，二次共生に由来する。

別の真核生物の細胞内に共生している現象である。二次共生は，クリプト藻やユーグレナ（ミドリムシ）等，複数の真核生物で起こっている。一次共生に由来する葉緑体は2重の膜に包まれているが，3重や4重の膜に包まれている葉緑体があることから二次共生が起こっていることが明らかになった。中には，細胞内に共生した真核生物の核がまだ残っている場合もある。

6. 細胞と生物の進化

これまでの進化においては，塩基置換や遺伝子重複など，自らの遺伝情報の改変によって，進化が生じると説明してきた。しかし，それらに比較するとまれな現象であるが，他の生物を**共生**によって獲得する，あるいは他の生物やウイルスの遺伝情報のみを獲得する（**遺伝子水平転移**）ことが，進化の原動力となる場合もある。特に遺伝子水平転移は，真正細菌や古細菌といった，単細胞性の原核細胞ではよく見られる現象であり，異なる種類の細菌が類似の病原性や抗生物質耐性に関わる遺伝子を

もつといったことがよく観察される．多くの場合明確な由来はわからないが，どちらか，あるいは両者ともに遺伝子水平転移により獲得したと考えられる．また，共生についても，ミトコンドリアや葉緑体のように細胞小器官にまでなっている例は他には無いが，他の生物を細胞内や体内に保持し，それが宿主側の生態に大きな影響を与えている例は多い（第12, 13章参照）．

7. 真核生物の多様化

最後に，多様な真核生物について確認しておこう（図5-8）．真核生物は現在，大きく6のグループに分かれている．動物や陸上植物を含む緑色植物も，各々あるグループの一員であることが分かっている．現在同定されている種数では動物や植物が真核生物の中心のように見えるが，系統的には真核生物の進化の中盤以降に現れた生物群である．

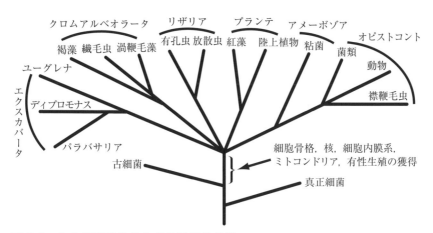

図5-8 主たる真核生物とその系統的位置
外側により上位の分類群を示した．真核生物の多様化以前の共通祖先でさまざまな機能を獲得した．

8. おわりに

　生命が生まれ，そこから生物の共通祖先が進化してきた．そして，真正細菌，古細菌，真核生物の3ドメインに分岐し，その後は各々の系統で進化，多様化している．その中でも，真核細胞の誕生は，今の地球環境と生物相を形成する基となるイベントであり，生物の初期進化におけるターニングポイントの1つである．

参考文献

ニコラス・H・バートンら『進化　分子・個体・生態系』（メディカル・サイエンス・インターナショナル，2007年）
石川　統ら『化学進化・細胞進化』シリーズ進化学（岩波書店，2004年）
宮田　隆『分子からみた生物進化　DNAが明かす生物の歴史』ブルーバックス（講談社，2014年）
日本進化学会編『進化学事典』（共立出版，2012年）

6 | カンブリアの大爆発と多細胞動物の起源

大野　照文

《目標＆ポイント》 多細胞動物が一斉に化石記録に出現するカンブリアの大爆発と呼ばれる生物進化上の大事件について，先立つプレカンブリア時代の末の化石や環境，さらに現生生物の遺伝情報についての最近の研究成果をもとに，その様子や原因について学ぶ。
《キーワード》 カンブリアの大爆発，エディアカラ，ドウシャンツオ，バージェス，チェンジャン，*Hox*遺伝子

1. はじめに

　今から約46億年前に形成された地球上では，遅くとも35億年前に生命が誕生し，その後の進化を経て現在では120万種の多様な生き物が生息している。その歴史を調べるのが古生物学と呼ばれる研究分野である。古生物学の研究対象は主に化石である。表6-1に示すように化石にはさ

表6-1　古生物学の研究材料

硬組織	生き物の骨格や殻，材，葉など
軟組織	硬組織以外の「柔らかい」部分。普通化石に残らないが，特殊な保存条件の下では，化石として残る
化学化石	特定の生物分類群を特徴づける有機物の痕跡が保存されたもの（バイオマーカー）や，特定の生物分類群を特徴づける同位体の比率の痕跡が保存されたもの
生痕	這跡や巣穴跡など，生物の行動の痕跡
化石DNA	化石に含まれるDNA

まざまなものがある。これらの化石を時代順に整理して調べるとともに，地層に残された環境や気候の記録を読み解き比較検討することで，生物の進化や適応，また大量絶滅や絶滅からの生物界の回復など，地球上の生命の歴史を明らかにするためのさまざまな手がかりを得ることができる。本章では，古生物学の重要なテーマの1つである多細胞動物の起源や進化について，主に化石の証拠に基づいて概説する。

2. カンブリアの大爆発

　古生代の最初のカンブリア紀に，多細胞動物の多様な動物門が突然かつ一斉に化石記録に現れる。この事件は「カンブリアの大爆発」と呼ばれている。すでにダーウィンの時代，古生代のカンブリア紀（約5.41〜4.85億年前）に多細胞動物が突然化石記録に現れることは知られていた。当時知られていた典型例は，三葉虫である。頭には触角や複眼があり，また多くの体節からできた胸には，節のある肢と鰓が腹側に備えられるなど，たいそう複雑な体制をもっている。生物は徐々に進化すると考えていたダーウィンにとって，このような複雑な体制をもった三葉虫が多細胞動物の最初の化石として出現することはどう解釈してよいのか，頭の痛い難問であった。「カンブリアの大爆発」は，この時代には，三葉虫だけでなく，現在知られているほとんどの動物門が出現していたことを意味する。ダーウィンが生きていたら，この「カンブリアの大爆発」事実を前にますます頭を抱えたに違いない。この事件の意味を理解するには，分類学，とりわけ多細胞動物の分類について知っている必要がある。

3. 多細胞動物の分類

　生物分類の基本的な単位は種である。我々は *Homo sapiens* という種である。近縁の種をまとめたのが属である。ネアンデルタール人も我々

と共通点が多く，同じホモ属に含めて *Homo neanderthalensis* と呼ばれる。さらに共通性を基に次々とより大きな単位（階級）にまとめられてゆく。多細胞動物（単細胞の「原生動物」と区別するため後生動物とも呼ばれる）は界のレベルにまとめられ，30数個の門を含む。30数個の門は，からだのつくりの違いに応じていくつかのグループにまとめられている（図6-1, 6-2, 6-4）。

多細胞動物は，海綿動物門のように上皮・筋肉・神経・感覚などの分化した組織や器官をもたない原始的な側生動物と，しっかりした上皮をもち体内に消化系をもつ真正後生動物に大きく2分される（図6-1）。

真正後生動物では，受精卵からの発生の途中で一層の細胞からできたボール状の胞胚が形成され，やがてその一部がくぼみ，内外2つの細胞の層ができる。くぼんだところは原腸と呼ばれる。外側の層は外胚葉，内側の層は内胚葉と呼ばれる。これら2つの細胞の層（胚葉）をもつ動物は，二胚葉性の動物と呼ばれ，放射相称を示すことが多い。外胚葉，

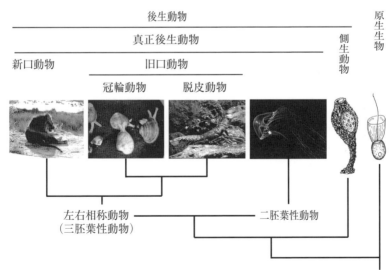

図6-1　多細胞動物の分類と系統関係の概略図
出典：『現代地球科学』（放送大学教育振興会，2011年）
線画は，右から左へ原生生物の立襟鞭毛虫と海綿動物。

図 6-2 多細胞動物の発生と3つの胚葉（Willmer, 1990 を改変）

　内胚葉に引き続いて第三の胚葉である中胚葉が形成される場合，それらをもつ動物は三胚葉性の動物と呼ばれる（図 6-2）。

　三胚葉性の動物は左右相称動物とも呼ばれ，前後軸および背腹軸を通る面を挟んで体が対称で，能動的に前方に向かって移動するのに適している。移動方向の環境を感じるための感覚器官や神経節が，体の前に集中（頭化）し，口も感覚器官で探知した食料を飲み込むことができるように前部にある。また，体軸に沿って左右対称に配列された神経索をもつ。左右相称動物のうち，原口がそのまま成体の口になるものは旧口動物と呼ばれる。旧口動物は発生途上でらせん卵割を行うものが多い。原口とは違う場所に口を新たに形成するものは，新口動物と呼ばれ，放射卵割を行うものが多い。新口動物には，脊索動物や棘皮動物が，旧口動物には，それ以外の左右相称動物が含まれる。旧口動物のうち脱皮する節足動物やその仲間は脱皮動物に，また，発生途中にトロコフォア（担輪子）幼生を経る軟体動物や腕足動物などは，冠輪動物としてまとめられている。

4. カンブリア紀初めの動物界

　世界各地でカンブリア紀の始まりを告げるのは，さまざまな生痕化石である。プレカンブリア時代にも生痕化石は見られるが，単純で小型のものがほとんどである。しかし，カンブリア紀の始まりとともに海底面から堆積物内に数センチ以上も潜行する生痕化石が突然に，密集して見られるようになる（図6-3）。引き続いて鱗やとげや殻などさまざまな形をした小さな化石が見つかり，スモール・シェリー・フォッシル SSF と呼ばれている。SSF は多数集まって多細胞動物の体表面を保護するなど

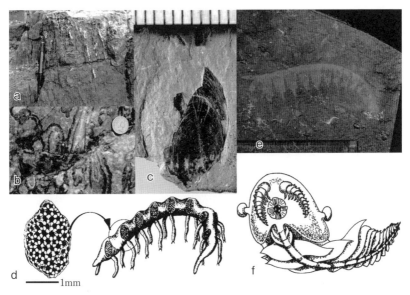

図6-3　カンブリア紀の多細胞動物化石
出典：『現代地球科学』（放送大学教育振興会，2011年）
a：生痕化石 *Diplocraterion yoyo*。堆積物中に縦に深く潜行している。b：古杯類の化石。二重壁でできた逆円錐型の殻の断面。c：腕足動物シャミセンガイの化石。d：ミクロディクチオン *Microdyction*（ロボホディアと呼ばれる一群に分類されている）。左はSSFとして発見されたもの。右は体の左右側面に数対張り付いて発見された化石。e・f：アノマロカリス *Anomalocaris* の口の周囲にある付属肢の化石と，体全体の復元図。（c・eはバージェス頁岩産，京都大学総合博物館蔵）

の機能を果たし，死後分離して化石になったものと考えられる。SSFと時を同じくして，カンブリア紀の初期には海綿に類似の石灰質の杯状の骨格をもった古杯類が繁栄した。

　もう少し時代が新しくなると，エラの繊維の1本1本まで軟組織が観察できるほどよく保存された化石動物群が中国の雲南省のチェンジャン（澄江）（約5億2000万年前）やカナダのブリティッシュ・コロンビア州のバージェス峠（約5億1500万年前）の地層から産出するようになる。これらの化石群には，側生動物（海綿動物門など），二胚葉性の動物化石（刺胞動物門や有櫛動物門）の化石が含まれる。また，三胚葉性の動物については，前口動物の2大グループの1つである脱皮動物（ミミズのような体型と乳頭状の「葉脚」（lobopodium）をもつことで特徴づけられるロボポディア Lobopodia と呼ばれる一群や節足動物門など）やもう1つのグループである冠輪動物（腕足動物門や軟体動物門など）が発見される。

　三胚葉性の新口動物である脊索動物門には，尾索動物（ホヤなど），頭索動物（ナメクジウオなど），脊椎動物（私たちも含まれる）の3亜門があるが，チェンジャン・バージェス化石動物群からは，3つの亜門のそれぞれに属する化石が見つかっている。なかでも2001年に多数の化石が報告されたハイコウイクティス Haikouichthys には，脊椎の痕跡，筋節，背鰭，鰓，さらには頭部から伸張した部分に目や嗅窩あるいは耳殻と解釈される構造が保存されていて，鉱化した骨格こそもたないものの脊椎動物だとわかる。

　これらも含めて，古生代以降の多細胞動物門の化石記録をまとめると図6-4のようになる。この図からは，カンブリア紀には海綿動物，二胚葉性動物，三胚葉性動物の旧口動物（冠輪動物，脱皮動物），そして新口動物など，現生の動物の主要な分類グループに属するものがすべて出

第6章　カンブリアの大爆発と多細胞動物の起源

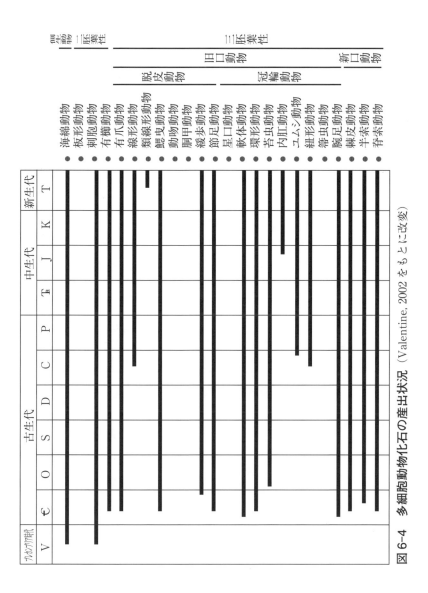

図6-4　多細胞動物化石の産出状況（Valentine, 2002をもとに改変）

現していることが読み取れる。化石記録のない門もいくつかあるが，これらの門に属する動物は非常に小さいか，硬い殻などをもたず，化石になりにくいものがほとんどである。化石記録をもたない動物門もカンブリア紀には存在していた可能性が高い。

ダーウィンの進化の考え方によれば，生物は単純なものから複雑なものへと徐々に進化していく。もしそうなら，化石記録には，まず海綿動物や刺胞動物のような単純な体制のものが出現し，三胚葉性の動物など複雑なものは，その後に出現すると考えられる。しかし，カンブリアの大爆発は必ずしもこの考えとは一致しない。はたして，多細胞動物はカンブリア紀になって突然に出現したのだろうか，このことを明らかにするためには，カンブリア紀よりも以前の時代に遡って化石記録を調べる必要がある。

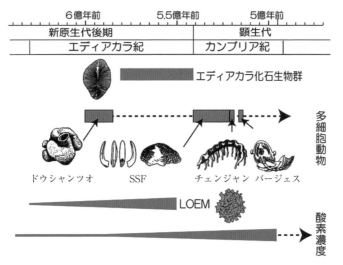

図6-5 エディアカラ紀からカンブリア紀にかけての多細胞動物の進化の考察にとって重要な化石と酸素濃度の変化（LOEMと酸素濃度の線の太さはそれぞれ多様性や濃度の増加を示している）

第6章　カンブリアの大爆発と多細胞動物の起源　|　95

　以下には，カンブリア紀よりも以前の時代である原生代，とりわけその後半の時代に焦点を当てて，この時代に多細胞動物の痕跡があるのかないのかを検討してみよう。カンブリア紀よりも以前の多細胞動物の候補については，大きく2つのものについてそれぞれ議論されている。1つは，約6.0〜5.8億年にかけての中国南部のドウシャンツオ（陡山沱）から見つかる化石群。もう1つは，約5.75〜5.41億年にかけて世界の各地から見つかるエディアカラ化石生物群である。以下では，それぞれについて概観してみる（図6-5）。

5. ドウシャンツオ（陡山沱）の化石生物群：最古の多細胞動物化石？

　1990年代以降，多細胞動物の起源と関連して注目を浴びたのが中国南部，貴州省のドウシャンツオから発見された，6.0〜5.8億年前にかけての化石生物群である。化石のほとんどは1mm足らずと小さいが，細胞レベルまでの詳細が保存されているうえに，無数に産出する。そして多様な形態の化石が発見，報告されており，それらの分類学的な位置づけも，シアノバクテリアから多細胞動物とされるものまでさまざまな解釈がなされ，しかも1つの化石を巡って幾通りもの解釈が並立するなど，今最も注目される研究対象となっている。多細胞動物の起源との関連において議論になっているドウシャンツオ産の化石のいくつかについて紹介してみよう。

　世界の古生物学者の眼をドウシャンツオの化石に注目させた論文の1つがXiao *et al.*（1998）である。この論文では，まず多細胞の藻類の産出が報告されている。現生のものと共通の解剖学的特徴や生殖器の構造が保存されているので，ドウシャンツオの時代に多細胞の藻類が存在したことについては異論の余地はない。Xiaoたちは，さらに，直径約500μm

の球型の化石を報告した。球の内部には，2，4，8あるいはそれ以上の数の細胞があり，細胞のサイズは数が増すとともに小さくなってゆくので，受精卵が卵割を繰り返している，多細胞動物の発生途中の胚の化石と解釈された。分割された1つ1つの細胞には，核のようなものが保存されていることも明らかになっている。その後，巨大な硫黄細菌の化石説も出たが，現在では，動物かどうかは確定できないものの，多細胞の真核生物の発生途中の化石と考えられている。また，同じ1998年には，普通海綿の化石らしいものも報告された。

　最もドラマチックな運命をたどったのが，「最古の三胚葉動物化石」とされたヴェルンアニマルキュラ *Vernanimalcula* (Chen *et al.* 2004) である。薄片中に発見された，さしわたし約0.1-0.2mmの化石の断面10個を総合して復元されたこの生物は3層構造を示す。これらの3層は，体の外を包む外胚葉，消化管を裏打ちする内胚葉，そして外胚葉と内胚葉の間につくられた中胚葉を示すと解釈され，最古の三胚葉性の動物として報告された（図6-6）。すでに述べたように，現生の多細胞動物は，おおざっぱに細胞が群体的に集まったもの，2層構造（二胚葉性），および3層構造（三胚葉性）をもつものの3つに分けることができる。三胚葉性は最も複雑な体制をもった多細胞動物の特徴であり，ドウシャンツオの化石記録は，カイメンのような単純な動物から複雑な三胚葉性の体制をもったものまで，多様な多細胞動物がすでに6億年近く前に存在していたことを強く示唆する証拠としてますます注目をあつめた。ただし，発表後まもなく三層構造は，化石になるときに二次的に形成されたのではないかとの疑いが表明された。

　その後，X線トモグラフィーの手法を使って微細な化石を破壊することなく観察する技術が実用化され，また微細な領域の成分を分析する技術も進歩した。Bengtsonらはこれら最先端の手法を使って*Vernanimal-*

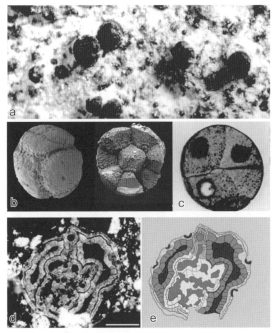

図 6-6　ドウシャンツオの微小な多細胞動物化石
a：化石の拡大写真。球の直径は約 2 mm。b・c：卵割を始めた細胞動物の卵と考えられる化石の走査型電子顕微鏡写真（b）と，薄片写真（c）。d・e：三胚葉性の動物の断面とされていた Vernanimalcula の化石（縮尺 50 μm）。(いずれも National Tsing Hua University の Chia-Wei Li 教授の好意による)

cula を再検討し，2012 年に結果を報告した。

　Bengtson らは，ドウシャンツオから多数見つかる球形の化石から，割球が 2 つの段階のものに注目し，X 線トモグラフィーの手法で観察した。その結果，強い変質を被ると，割球が 2 つの段階の化石に二次的に 3 層が形成される例が見つかった。化石全体の外側をおおう層，2 つの割球のそれぞれの表面を覆う層，そして 2 つの割球の隙間に無機的に沈殿し

た層の3層である。このような化石について、割球が接する平面に垂直な断面をとると、二次的な構造が *Vernanimalcula* の断面とそっくりの形に見える。そこで、三胚葉とされたものは、割球が2つの段階の多細胞の生物の胚に二次的につくられたこれら3層であることがほぼ確実となり、*Vernanimalcula* からは「最古の三胚葉動物化石」という称号が剥奪されてしまった。

Vernanimalcula の三胚葉性多細胞動物説を打ち砕いた同じ手法は、一方ではドウシャンツオからの新たな動物化石の発見にも貢献している。2015年には、YinらがX線トモグラフィーの手法によって立体的な構造が保存されたカイメンの化石を発見している（図6-7）。見つかった標本は1つのみで、幅1.2mm、高さ1.1mmと小さいが、細胞レベルまでの詳細が立体的に保存されていて、エオキアシスポンギア・ギアニア *Eocyathispongia giania* と名付けられた。この化石には基部を共有する3つの筒状の構造が見られ、それぞれの上端部は流出大孔状に開口している。化石の表面は現生のカイメンの体表を上皮状におおう扁平細胞と同様の細胞でおおわれる。また、表面には小さな孔が空いている。さらに筒の内側表面には一様な形状の小さな孔があり、その多くは、襟細胞があったと推定される輪状の構造で取り囲まれている。つまり、この化石は、約6億年前には、側生動物レベルの多細胞動物がすでに進化していたことを示しているのである。

図6-7 ドウシャンツオからのカイメンの化石
（写真：ユニフォトプレス）

6. エディアカラ化石生物群：多細胞動物か否か？

　約6億年前のドウシャンツオの多細胞動物の化石と，約5.41億年前のカンブリア紀の多細胞動物の時代に至るまでの間を埋めるものとして，エディアカラ化石生物群（5.75〜5.41億年前）がある。この化石群に多細胞動物群が含まれるのかどうかについても，ドウシャンツオの化石群と同様研究者の間に大きな意見の隔たりがある。エディアカラというのは，この化石生物群の産地の1つ，オーストラリアのアデレードの北600キロほどの場所にあるフリンダース山脈のエディアカラの丘の名前である（カンブリア紀より1つ古い，6.35〜5.41億年前にかけてのエディアカラ紀もエディアカラの丘にちなんで名付けられている）。この化石生物群はその後ロシア，ナミビアなど世界各地から報告されている。化石の多くは，海底面をおおった地層の下面に印象として残されている。地層をそっとはがすと，化石が凹みとして現れる。エディアカラから見つかる化石の形態は多様で，しかも大きなものは，1mを超えるほどの大きさをもつ。しかし，それほど大きな化石であっても厚さはわずか数ミリと扁平である。

　2000年頃になって，エディアカラ化石生物群の化石が動いた証拠が見つかった。ロシアの白海沿岸から見つかったヨルギア *Yorgia* は，円盤状の輪郭をもち，直径は最大20cmほどの大きさになる。白海沿岸では，地層が数十mの高さの，ほぼ垂直に切り立った崖に露出している。足場も何も無い崖に命綱1本を頼りにへばりつき，数年かかって切り出した2m四方ほどの地層の下面には，ヨルギアが移動と休止を繰り返した生痕がくっきりと残っている。休止地点では，消化酵素様のものを分泌して，当時海底面を広くおおっていたとされる微生物の層を食べていたのかもしれない。休止地点から次の休止地点にどのようにして移動したの

までかはわからない．繊毛のようなものを使って移動したのか，あるいは浮力を調節して水流に乗って移動したのかもしれない．最後の休止地点には，ヨルギアのからだが化石となって残されている．ヨルギアは，一見左右対称で，しかも頭部のように見える部分があり，たいへん動物的な生き物である．しかし，よく観察すると，頭部は，左右のどちらかが大きい．また頭部の後ろには，多数の体節のような構造がある．しかし，これら左右の体節らしきものは，正中線沿いに半周期ずれて接している．これは，私達の知っている動物の左右対称性とは相容れない．

　また，近年ロシアやオーストラリアから多数のキンベレラ *Kinberella* の個体が発見され，その構造や，生痕が詳しく調べられている（Fedonkin *et al.*, 2007）．キンベレラは長細い楕円形の輪郭をもち，楕円形の縁のすぐ内側に沿ってうねった溝のような構造がある．長軸沿いの一方の端には矢印のような形をした吻状の構造がある．さらに体の周りに放射状の多数の細かい線状構造を見ることができる．うねった構造を「エラ」と解釈し，放射状の線を，吻状の構造が海底の微生物のマットを削り取った喫食痕だと解釈し，キンベレラが軟体動物に近縁の動物だと解釈する研究者が多い．しかし，実際には軟体動物ならもっているはずの喫食のための歯舌の存在は確かめられていない．また，エラとされるものも，現生の軟体動物に見られるような，呼吸を効率的に行うために表面積を増やすための工夫の跡が見られない．さらに，仮に放射状の線状構造が喫食痕だとすると，キンベレラは後ずさりしながら餌をとっていたことになる．現在，原始的な軟体動物は前向きに移動しながら餌をとっている．キンベレラがもし軟体動物だとすると，なぜ初期の軟体動物でありながら後ろ向きに移動しながら摂餌していたのか，説明を要することとなる．

　左右の構造の半周期ずれた配列は，植物の枝のつきかたによく見られ

る（互生と呼ばれる）が動物には見られない．動くという属性は，粘菌などにも見られ，動物だけに特有のものではない．このように，大まかには多細胞動物に似ているものの，細かく検討していくと，エディアカラの化石生物群の特徴は，多細胞動物とは相容れない点が多い．ドイツの著名な古生物学者故アドルフ・ザイラッハー Adolf Seilacher は，エディアカラ生物群は，海水浴でつかうエアマットのように，上下2層の膜が隔壁で隔てられた構造を共通にもった生物の一群であると考え，この絶滅した生物群に対し，ヴェンド生物界 Vendobionta という名前を与えた（Seilacher, 1992）．名前はロシアでエディアカラ紀の地層を「ヴェンド紀」と呼ぶことにちなんでいる．また，巨大な地衣類と考える研究者もいるなどエディアカラ化石生物群についてもまだまだ不明なことが多いのが実情である．

7. 生痕化石

エディアカラ化石生物群の含まれる地層からは，這い跡が普通に見つかる．なかには，直線状に動いたあとヘアピン状にカーブし，以前の這い痕からあまり距離を置かず平行に行き来することを繰り返すものも見られる．これは，同じ場所を二度通らず，海底面の食料資源を効率的に摂餌していた痕跡と考えられる．それをつくった生き物自体は化石となっていないが，行動の複雑さから，前後軸のはっきりした，おそらく三胚葉性の多細胞動物がつくったものと考えられる．生痕の幅はせいぜい1mmほどなので，体は小さかったと考えられる．

8. 多細胞動物の爆発的進化を促した要因

以上まとめると，ドウシャンツオのカイメン化石は，プレカンブリア時代の終わり頃，約6億年前には単純な体のつくりの多細胞動物，つま

り側生動物が出現していたことを示す。エディアカラ化石生物群に伴って見つかる複雑な行動様式の生痕化石は，三胚葉性の多細胞動物の存在を示唆するが，エディアカラ化石生物群の中には，それをつくったと考えられる候補の化石は見つからない。これらの事実をもとに，環境要因，とりわけ多細胞動物の活動にとって不可欠な酸素，および生物の形を作る遺伝子，とりわけ *Hox* 遺伝子の2つの観点を加えて，カンブリアの大爆発前夜の多細胞動物進化について，筆者の見解を述べる。

(1) 酸素

多細胞動物にとって酸素は不可欠である。例えば，多細胞動物の体の重要な成分の1つであるコラーゲンの合成には酸素が不可欠である。現在地球の大気中や海中に存在する酸素は，光合成によってもたらされたものである。酸素発生型の光合成をする最初の生き物であるシアノバクテリアは，ごくおおざっぱに見積もって今から約25億年前に出現した。その後の酸素濃度の変化の歴史を正確に復元することができれば，多細胞動物が必要とする濃度にまで酸素量が増加した時点以降にしか多細胞動物は出現しなかったことがわかる。実際には，過去の酸素濃度の定量的な推定を行うことは難しい。最近になって Planavsky *et al.*（2014）は，地層の中に微量に含まれる元素クロム Cr の同位体の酸化還元の状態を精密に測定することで過去の酸素濃度の推定を行った。その結果，約18〜8億年前の間，大気中の酸素濃度は現在の0.1%程度でしかなかったらしいことを明らかにした。動物が生きていける最低限の酸素濃度については，さまざまな見積もり（現在の酸素濃度の0.14〜0.36%）や，普通カイメンを使った実験結果（0.5〜4.0%）（Mills *et al.*, 2014）があるが，Planavsky らの推定値はこれらのどれよりも低く，8億年くらい前までは体のサイズの小さなものも含めて，多細胞動物が生きていけ

るような環境ではなかったことが示唆される。

やがて，約5.8億年前以降になると深海においても海水中の酸素濃度が上昇し始めたことが示唆されている。その原因は，次のように考えられている。

酸素濃度を上昇させるには，単に光合成が盛んになるだけでは駄目である。なぜなら，光合成生物の死後，遺体の有機物の分解に酸素が消費されると濃度が上昇しないからである。濃度を上昇させるには，吸着性のよい粘土鉱物などに有機物を吸着させたうえで，地層中に埋没させてしまう必要がある。粘土鉱物は，土壌中で生成されるが，その土壌は陸上で生物の力で形成される。ドウシャンツオからは，菌類と藻類が共生した地衣類のような化石も発見されている。そこで，5.8億年前頃になって急に酸素濃度が上昇したのは，これらの生物が陸上に進出して土壌を形成し始めたことが1つの要因ではないかと考えられる。

これに関連して，Cohen et al. (2009) は興味深い仮説を立てている。ドウシャンツオの化石の中には，表面に多様な装飾のある化石が見つかっていることはすでに述べた。他の地域でも同時代には同様の化石が見つかっており，Cohen らは，これらを LOEM（表面に装飾のあるエディアカラ紀の微化石，large ornamented Ediacaran microfossils，図6-5）と呼んだ。そして，表面をおおう膜の構造の類似から多細胞動物の休眠卵だと考えた。また，$100\mu m$ を超えるほど大きなサイズは，長期間休眠するのに必要な脂質を多く含んでいたからと解釈した。休眠卵は，環境が悪いとき，長期にわたって卵のままで耐えしのぐための工夫で，現在の多細胞動物では，数十年間耐えることができる例も知られている。LOEMは，エディアカラ紀の始まりから5.6億年前にかけて多数見つかり，表面装飾の多様性も高い。このことは，多細胞動物が進化して間もないころには，しばしば酸素不足という状況が発生し，これを乗り越えるため

にさまざまな動物が多様な休眠卵をつくった証拠であると解釈した。やがて，ある時代を境に LOEM は産出しなくなる。Cohen らの発想のユニークなところは，この出来事を，LOEM をつくった生き物たちの絶滅を意味するのではないと解釈した点である。つまり 5.8 億年以降は酸素濃度が上昇し始めたため，それ以降動物たちは，LOEM を作る必要がなくなったと考えたのである。こうして，化石の記録からは消えたものの，やがてくるカンブリア紀に向かって，動物たちの祖先はさまざまな多様化を進めていったのだろう。

(2) 動物の形をつくる遺伝子とその普遍性

キイロショウジョウバエに見られる突然変異の中には，ある分節に別の分節の形態的特徴が現れるような変異がある。例えば，第3胸節が第2胸節に変化して，もともと第2胸節にあった1対の翅に加えて第3胸節にも翅が生えたハエができることが古くから知られていた。このようなことを手がかりに研究した結果，体軸にそって体のパターン形成を司る8つの遺伝子が特定された。これらは Hox 遺伝子と呼ばれる。

Hox 遺伝子の染色体上での配列順序と，ハエの体の前後軸にそったこれらの遺伝子の発現順序は同じである。その後，他の多細胞動物についても研究が進められた結果，Hox 遺伝子群はキイロショウジョウバエが属する三胚葉性の旧口動物だけでなく，新口動物のハツカネズミからも見つかり，染色体上での遺伝子の位置関係が保存されているだけでなく，お互いに相同な関係にあることも明らかになった。そこで，旧口動物と新口動物の共通祖先は，少なくとも8つほどの Hox 遺伝子を一続きの遺伝子群としてもっていた可能性がある。このことは，一見目もくらむばかりの多様性を示すカンブリア紀の多細胞動物の形態も，Hox 遺伝子を少しずつ変化させることでつくり出せる可能性を示唆する。現生のカイ

メンには，*Hox* 遺伝子は見られないが，最近，遺伝子の解析から，もともと海綿動物にも *Hox* 遺伝子のようなものがあった可能性が示唆されている（Fortunato *et al.*, 2014））。ドウシャンツオにはほぼ間違いなく海綿動物と同定できる化石が見つかっている。このことは，この時代には遺伝子の観点からも，カンブリア紀の多様な多細胞動物の出現への準備がすでに始まっていたことを強く示唆するのではないだろうか。

すでに述べたように，ザイラッハーは，エディアカラ化石生物群は，ヴェンド生物界に属する，上下２層の膜の間に縦の仕切りのあるエアマット状の構造をもった生物の化石と考えている。その中には，ヨルギアやキンベレラなど海底面にある食料資源を糧として生きていたものも含まれる。そこで，食料資源を巡ってエディアカラ化石生物群と初期の多細胞動物は競争関係にあった可能性が高い。もし，ヘアピンカーブしながら平行につけられた 1 mm 足らずの幅の生痕化石が多細胞動物のものだったとすると，この競争においては，体の大きなヴェンド生物界に属するエディアカラ化石生物群が有利な立場にあったのかもしれない。中生代の初め，恐竜とほぼ時を同じくして出現したにもかかわらず，哺乳動物が，巨大な恐竜の陰で細々と暮らしていたのと同様に，エディアカラ化石生物群の陰で多細胞動物の祖先たちもひっそりと生きていたのかもしれない。

さらに想像をたくましくするなら，エディアカラ化石生物群が繁栄していた時代，多細胞動物は，小型ながらさまざまな分類群への分化を遂げていたのかもしれない。エディアカラ化石生物群は，原因は不明ながらカンブリア紀が始まる前に絶滅してしまった。ひょっとすると，競合するエディアカラ化石生物群が絶滅した後に空き地となった生活空間を埋める形で，多細胞動物が一挙に目に見える形にまで大型化したのがカンブリアの大爆発かもしれない。この考え方に立てば，多細胞動物の一

見爆発的な進化の前に，少なくとも数千万年の助走期間があったこととなり，ダーウィンの進化の考え方との隔たりも小さくなる。以上に述べたことは，現在知られている情報を基に組み立てた1つの考え方でしかない。カンブリアの大爆発とその前夜の有様については，まだまださまざまな可能性が考えられ，今後もさらに研究を進めていく必要のある，生物進化上の大きな謎の1つである。

引用文献

Bengtson, S., Cunningham, J. A., Yin, C., and Donoghue, P. C. J. 2012 Merciful death for the "earliest bilaterian," *Vernanimalcula. Evolution & Development*, 14: 421-427.

Chen, J.-Y., Bottjer, D. J., Oliveri, P., Dornbos, S. Q., Gao, F., Ruffins, S., Chi, H., Li, C.-W. and Davidson, E. H. 2004 Small Bilaterian Fossils from 40 to 55 Million Years Before the Cambrian. *Science*, 305: 218-222.

Cohen, P. A., Knoll, A. H. and Kodner, R. B. 2009 Large spinose microfossils in Ediacaran rocks as resting stages of early animals. *Proceedings of the National Academy of Sciences of the United States of America*, 106: 6519-6524.

Fedonkin, M.A., Simonetta, A., and Ivantsov, A. Y. 2007 New data on *Kimberella*, the Vendian mollusc-like organism (White Sea region, Russia): palaeoecological and evolutionary implications. In Vickers-Rich, P. and Komarower, P. (eds.) The Rise and Fall of the Ediacaran Biota. Geological Society, London, Spec. Publ, 286, 157-179.

Fike, D. A., Grotzinger, J.P., Pratt, L.M. and Summons R. E. 2006 Oxidation of the Ediacaran Ocean. *Nature*, 444: 744-747.

Fortunato, S. A. V., Adamski, M., Ramos, O. M., Leininger, S., Liu, J., Ferrier, D. E. K., and Adamska, M. 2014 Calcisponges have a ParaHox gene and dynamic expression of dispersed NK homeobox genes *Nature*, 514: 620-623.

Mills, D. B., Ward, L. M., Jones, C-A., Sweeten, B., Forth, M., Treusch, A. H. and Canfield, D. E. 2014 Oxygen requirements of the earliest animals. *Proceedings of the National Academy of Sciences of the United States of America*, 111: 4168-4172.

Planavsky, N. J., Reinhard, C. T., Wang, X., Thomson, D., McGoldrick, P., Rainbird, R. H., Johnson, T., Fischer, W. W., and Lyons, T. W. 2014 Low Mid-Proterozoic atmospheric oxygen levels and the delayed rise of animals. *Science*, 346: 635-638.

Seilacher, A. 1992 Vendobionta and Psammocorallia: lost constructions of Precambrian evolution. *Journal of the Geological Society, London*, 149: 607-613.

Xiao, S., Zhang, Y. and Knoll, A.H. 1998 Three-dimensional preservation of algae and animal embryos in a Neoproterozoic phosphorite. *Nature*, 391: 553-558.

Yin, Z., Zhu, M., Davidson, E. H., Bottjer, D. J., Zhao, F. and Tafforeau, P. 2015 Sponge grade body fossil with cellular resolution dating 60 Myr before the Cambrian. *Proceedings of the National Academy of Sciences of the United States of America*, 112: E1453-E1460.

Valentine, J. W. 2002 Prelude to the Cambrian explosion. *Annual Review of Earth and Planetary Sciences*, 30: 285-306.

Willmer, P. 1990 Invertebrate Relationships: Patterns in Animal Evolution. Cambridge University Press, Cambridge.

7 | 顕生代の絶滅事件：
オルドビス紀末を例に

大野　照文

《目標＆ポイント》　顕生代の海洋では5つの大量絶滅事件があった。そのうちオルドビス紀末の大量絶滅事件を例に，絶滅の様子と原因について学ぶ。近年，硫黄同位体の研究が進み，酸素濃度が低く硫化的な海水が絶滅に大きな役割を果たしたことが示唆されている。

《キーワード》　大量絶滅，筆石，腕足類，三葉虫，ゴンドワナ大陸，氷期，酸素同位体，硫黄同位体

　カンブリア紀には多細胞動物の出現という画期的な出来事が起こったことはすでに述べた。カンブリア紀の大爆発は，基本的な体のつくりの違いで区別される多様な動物門の出現，殻や骨格の出現，確実な左右相称動物の出現などで特徴づけられる。Sepkoski（1990）は，膨大な化石の記載記録を調査し，カンブリア紀以降の海の多細胞動物の科の数の変遷を調べた。その結果，カンブリア紀以降の多細胞動物は，大きくカンブリア紀型進化動物相，古生代型進化動物相，そして現代型進化動物相の3つに分けられることを明らかにした（表7-1，図7-1）。さらに，Sepkoskiは，顕生代の海の生物に5つの大きな絶滅事件を見いだしている（表7-2および図7-1の矢印）。その最初のものはオルドビス紀末の絶滅で，古生代末に次ぐ，顕生代では第二の規模の大絶滅事件だった。最大規模の古生代末の絶滅については多くの解説書が出ているので，以下には，第二の規模のオルドビス紀末の絶滅に焦点を当てて，動物相にどのような絶滅が起きたのかについて，また原因についてのさまざまな説

について概説する。

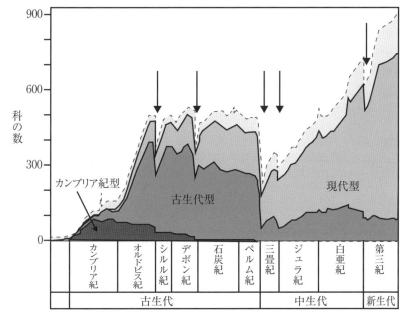

図7-1　3つの進化動物相と大量絶滅（Sepkoski, 1990を改変）
絶滅は下向きの矢印で示す。図のいちばん上の細い帯は，分類の不確定な科。

表7-1　進化動物相

カンブリア紀型進化動物相：カンブリア紀に繁栄，オルドビス紀末の絶滅で衰退。三葉虫，無関節腕足動物，単板類（軟体動物），ヒオリス（所属不明の絶滅動物），エオクリノイド（原始的な棘皮動物）など。

古生代型進化動物相：オルドビス紀から古生代末まで繁栄。有関節類腕足動物，ウミユリ（棘皮動物），皺皮サンゴ，床板サンゴ（いずれも刺胞動物），貝形類（節足動物），頭足類，狭喉類（苔虫動物門），筆石など。

現代型進化動物相：中生代から新生代そして今日もなお多様化しつづけている。主な構成要素は，巻き貝，二枚貝，硬骨魚類，軟骨魚類，軟甲綱（節足動物のうちエビ，カニなど），裸口綱の苔虫動物，ウニなど。

表 7-2 顕生代の五大絶滅
種レベルの絶滅については，科や属の絶滅をもとに推定。

大量絶滅事件	科レベル		属レベル	
	絶滅率（%）	科の絶滅から推定した種の絶滅（%）	絶滅率（%）	属の絶滅率から推定した種の絶滅率（%）
オルドビス紀末	26	84	60	85
デボン紀末	22	79	57	83
ペルム紀末	51	95	82	95
三畳紀末	22	79	53	80
白亜紀末	16	70	47	76

1. オルドビス紀の地球

　オルドビス紀は，カンブリア紀の次に来る古生代2番目の時代で，その期間は，4.85～4.44億年である（表7-3）。この時代，現在のアフリカ，南米，オーストラリア，南極などがひとまとまりになって，南半球に位置する超大陸であるゴンドワナ超大陸を形づくっていた。それ以外にもいくつもの大陸があり，それぞれ独立して存在していた（図7-4）。

　カンブリア紀からオルドビス紀にかけては長期的な海水準の上昇が見られる（Haq *et al.*, 2008）。カティアン期には古生代で最も高海水準に到達し（現在の海水準よりも225mも高かったとも言われている），大陸の上にも広く海が広がった。しかし，カティアン期後期からヒルナンシアン期にかけて短期間のうちに海水準の低下がおこり，やがてヒルナンシアン期の半ばに再び上昇に転じた。

(1) オルドビス紀末の絶滅：2段階の絶滅

　オルドビス紀末の絶滅については Hallam and Wignall（1997）に詳しく紹介されている。彼らの記述をもとに，その後の研究の進展を交えて，絶滅の様子と原因を探ってゆこう。オルドビス紀末には，うち続く2波の絶滅事件があった。これら2つの絶滅はオルドビス紀最後のヒルナンシアン期の初期と，その中期に起こった。この時代を細分するのに役立つ示準化石は，筆石である。ヒルナンシアン期は，筆石の化石を使って，ノーマログラプタス・エクストラオーディナリウス *Normalograptus extraordinarius* 帯とグリプトグラプタス・パースクルプタス *Glyptograptus persculptus* 帯の前後2つの時期に細分されている。絶滅は，ノーマログラプタス・エクストラオーディナリウス帯の始まりと終わりの時期にほぼ対応する（図7-2，図7-3）。オルドビス紀を特徴づける生物である筆石，コノドント，三葉虫，二枚貝などの研究から，絶滅の具体像は次のように推定されて

表7-3　オルドビス紀の区分

区分		年代（億年前）
世	期	
後期		4.44
	ヒルナンシアン	
		4.45
	カティアン	
		4.53
	サンドピアン	
		4.58
中期	ダーリウィリアン	
		4.67
	ダービンジアン	
		4.70
前期	フロイアン	
		4.78
	トレマドキアン	
		4.85

いる（Hallam and Wignall, 1997; Brenchley et al., 2001; Fortey, 1989）。

(2) 筆石類

　筆石類は，半索動物門に属し，筆石綱にまとめられている小型で群体性の動物で，同じ半索動物門の翼鰓綱に近縁であるとされる。生存期間は，カンブリア紀中期から石炭紀の前期までであるが，とりわけオルドビス紀には多様性が高く，また進化速度も速かったので示準化石として使われる。有機物に富んだ黒色の頁岩から化石が産出する事から，筆石は酸素の少ない，比較的水深のある外洋的な環境に適応していたと考えられている。

　オルドビス紀には，カティアン期まで新たな種や属が進化するなどたいへん繁栄していたが，次のヒルナンシアン期のノーマログラプタス・エクストラオーディナリウス帯に入るやいなや数種を除いて絶滅，この時期が筆石類にとって最も厳しい時期となった。しかし，絶滅の第二波の影響はそれほど受けず，グリプトグラプタス・パースクルプタス帯の時代になると，急速に多様性を回復しはじめた。

(3) コノドント

　コノドントは，原始的な脊椎動物に分類される絶滅動物で，カンブリア紀から三畳紀初めまで生息していた。1mm前後の大きさの錐形，櫛型などさまざまな形をした硬組織が集まった摂食装置をもつ。化石として見つかるのは，動物の死後，ばらばらになったこれら硬組織の化石である。コノドントも進化速度が速く多数見つかるので，示準化石として使われる。第一波の絶滅では，ゴンドワナ大陸の位置した南半球高緯度（つまり南極に近い地域）において，化石記録から完全に消え，また第二波の絶滅でもかなりの絶滅をこうむった。筆石同様，第二波の絶滅の後

第 7 章 顕生代の絶滅事件：オルドビス紀末を例に　113

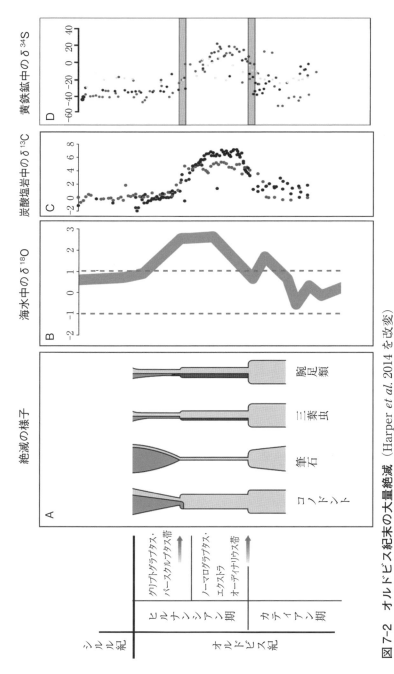

図 7-2 オルドビス紀末の大量絶滅（Harper et al. 2014 を改変）
2 波にわたる絶滅とその当時の酸素同位体比，炭素同位体比，硫黄同位体比を示す．同位体比の図では，測定値が右の方向にあればあるほど，それぞれ含まれる ^{18}O，^{13}C，^{34}S の割合が大きいことを示す．

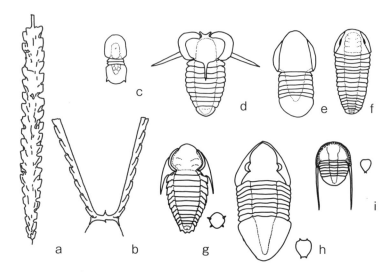

図7-3 オルドビス紀末に絶滅した筆石（a, b）および三葉虫（c～i）とその生息環境。c：浮遊性, d：遠洋表層, e：遠洋中層, f：底生で低酸素環境, g～i：浮遊性の幼生（成体の右に示す）をもつ三葉虫
（Fortey, 1989, Storch *et al.*, 2011 を改変）

多様性の急速な回復を見せている。

(4) **腕足動物**

　腕足動物門も大きな絶滅をこうむった。第一波の絶滅はヒルナンシアン期直前のカティアン期末に訪れ、属レベルでは60％が死に絶えた。とりわけ熱帯や温帯の浅い海で仮借ない絶滅をこうむった。より深い海に生息していた群集のいくつかも絶滅した。その結果、次のヒルナンシアン期ノーマログラプタス・エクストラオーディナリウス帯の時代には、多様性の低いヒルナンシアン動物相が当時の南極を中心に南緯20度近くまで広い範囲に分布し、赤道域にはやや多様性の高いエッジウッド動物

相が分布する状況となった。ヒルナンシアン動物相は，もともとゴンドワナ大陸周辺の高緯度に生息していた腕足動物に由来するものが多く含まれ，ヒルナンシアン期の初めには，冷水塊が低緯度まで広がったことを示唆している。第二波の絶滅ではヒルナンシアン動物相および赤道域のエッジウッド動物相の両方で多くの腕足動物が絶滅し，その後の後ながらく多様性は回復しなかった。

(5) **三葉虫**

　三葉虫は，第一波の絶滅で多様性を減じ，第二波の絶滅でさらに多様性を減じた。その後長らく多様性は回復しなかった。特筆すべきことは，絶滅した三葉虫のほとんどは比較的深い水塊にすんでいたか，あるいは幼生や成体の段階で浮遊性の生活を送る生態をもつものだった点である（Fortey, 1989）。その後，浮遊性の成体をもった三葉虫は再び進化することはなかった。

(6) **その他の動物**

　オルドビス紀は二枚貝が放散を始めて間もない時代で，大多数は沿岸域の海底に生息，一部が沖合の泥底にも進出したが，後期オルドビス紀には絶滅．この環境に濾過食の二枚貝が再進出したのは，後期デボン紀から前期石炭紀にかけてのことだった。また，オルドビス紀には岩に穿孔して住む二枚貝も出現したが，この紀の終わりには絶滅．同様の生態の二枚貝が再び現れたのは，2億7000万年が経過した中生代もジュラ紀の半ばだった。

2. 絶滅の原因を解く鍵

　オルドビス紀の大量絶滅を考えるときには，2波にわたって起こった絶滅の間には大規模だが期間の短い氷期があったことを考慮に入れる必要がある．また，オルドビス紀末の絶滅メカニズムを考えるとき，必ずしなければならないのが，筆石や浮遊性の幼生や成体をもつ三葉虫，さらにプランクトンなど遠洋性の生物が壊滅的な打撃を受けたこと，また深海における三葉虫の絶滅などに対する説明である．

(1) 地層

　スコットランドのドブズ・リン（Dob's Linn）には，国際的な合意のもとに決められたオルドビス紀とシルル紀の境界を含む地層断面が露出している（国際標準模式層断面及び地点）．この地層は，当時ローレンシア大陸の縁で形成された．ここでは，絶滅の起きる直前までは有機物に富み筆石を含む黒色頁岩層と，化石を含まず生物擾乱を受けた明るい色の泥岩層の繰り返し（互層）が見られる．それより上位では，明るい色の泥岩層が優勢となり，ところどころに筆石ノーマログラプタス・エクストエラオーディナリウスを含む，厚さ数ミリ程度の黒色頁岩が挟まれるようになる．次のグリプトグラプタス・パースクルプタス帯になると突然黒色頁岩が再出現し，シルル紀境界まで続く．筆石の大量絶滅は，無化石で明るい色の泥岩が優勢となるノーマログラプタス・エクストラオーディナリウス帯の始まる部分で起こっている．

3. 絶滅の原因諸説

(1) 海退と寒冷化

　第一波の絶滅は，おおざっぱにはオルドビス紀後期の氷期と時期が重

なる。氷期の証拠としては，サハラ砂漠で見つかる氷河性のダイアミクタイトおよび，氷河が移動する際にこすれてついた平行に並ぶ無数の直線的な傷跡（擦痕）を示す岩石などがある。同様の証拠は他の地域からも発見されていて，当時南半球にあったゴンドワナ大陸が氷床でおおわれていたことがわかる（図7-4）。氷山が運んできた石が海底に落ちた証拠であるドロップストーンの分布からは，氷山が南緯約45度までたどり着いていたことが示される。この氷期の継続期間は，せいぜい約50～100万年程度と見積もられている。

氷期の存在については，酸素同位体の研究からも支持されている。天然に産する酸素同位体のうち最も多いのは ^{16}O で，その次に多いのが ^{18}O である。海水が蒸発するときには，質量の小さな ^{16}O を含んだより軽い水分子のほうが蒸発しやすい。氷期には，蒸発した水に含まれる ^{16}O は

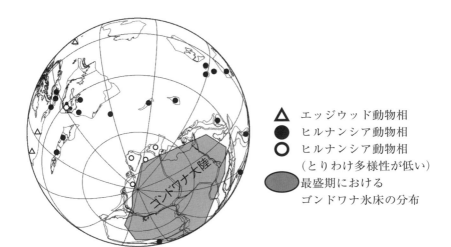

図7-4 オルドビス紀末の地球とエッジウッド動物相，ヒルナンシア動物相の分布（Harper *et al.*, 2014を改変。ⓒ 2013 International Association for Gondwana Research. Published by Elsevier B. V. All rights reserved.）

陸上の氷床中に留まるので，海水は ^{18}O に富んだものになる。このことを反映して，寒冷期や氷河期には，海水中にすむ動物の殻も ^{18}O に富んだものとなる。ヒルナンシアン期の生物の化石殻中に成分として含まれる酸素は ^{18}O に富んでおり，この傾向はこの期の終わりまで続く。化石殻に含まれる ^{18}O の比率は，新生代第四紀更新世の氷河期の化石中のものより高く，このような大きな変化を生むためには100m以上の海退（海水準低下）と，赤道域における10℃ほどの水温低下が必要と見積もる研究者もおり，ヒルナンシアン期の気候がたいへん厳しいものだったことが示唆される。

　海水準の低下は，ヒルナンシアン期の初めに起こったが，やがてヒルナンシアン期の前期に対応するノーマログラプタス・エクストラオーディナリウス帯の終わりの頃に再び上昇し始めた。多くの場所でオルドビス紀とシルル紀の境界の時代の地層の間に堆積の間隙があるのは，この海退で堆積物が形成されなくなったことの反映である。平坦な陸棚の上に広がる浅海は広大な面積をもつが，陸棚の縁から深海にかけては急傾斜な地形が続くため，海退によって陸棚が干上がると一挙に浅海底の面積は激減する。急傾斜の斜面を下っていっても，変温層下の冷水塊に阻まれて逃げ場がなく，絶滅につながりうる。ただし，第一波の絶滅は，海退のピーク以前に起こっているものもある。

　氷期に伴う寒冷化と絶滅の関係についてはどうだろうか。高緯度地方の冷水塊の生き物はもともと低温に適応しているので，寒冷な時代には，むしろ分布域を広げる。腕足動物におけるヒルナンシア動物相は，その一例である。また，氷期には緯度方向に平行な生物地理帯が縮小し，とりわけ温暖な熱帯域の幅は狭まる。しかし，すでに述べたように，当時の赤道近くの海域にはエッジウッド動物相が認められ，温暖な熱帯域の幅は狭まったが，消滅することはなかったことがわかる。さらに，温度

躍層以下の水深の，もともと低温の水塊に生息していた生物には影響が及ばなかっただろう．以上にのべたことからは，海退や寒冷化だけで第一波の絶滅を説明するのは難しい．

(2) **海洋の酸化**

　ヒルナンシアン期以前の深海は長らく無酸素状態だった．ヒルナンシアン期にゴンドワナ大陸に氷床が形成されるとともに酸素に富んだ，冷たく重い表層水が沈み込み，深海が酸化的環境になったとする説がある．地層の記録を見ると，ノーマログラプタス・エクストラオーディナリウス帯の地層は，それ以前に多くみられた黒色の頁岩から灰色で，しばしば生物擾乱を受けた堆積物へと変化する．この変化は，地層の堆積した場所が溶存酸素の少ない環境から酸素に富んだものへの変化したことを示唆するものと考えられている．海洋が酸化的になると，生物に必須なリンなどの元素が鉄のオキシ水酸化物の働きで効果的に吸収され除去される可能性が指摘されている．このため地球規模で見ると，酸化的な海洋は貧酸素的な海洋よりもかなり貧栄養状態となる．そこで，外洋性の動物の危機は急激な生物生産性の低下によってもたらされた可能性がある．また，酸化電位が急変する水深近くの貧酸素な水塊に適応していた筆石は，海水中深部の無酸素水塊の消滅によってとりわけ破滅的な影響をこうむったとされる．

　さらに海洋の垂直循環が始まって有毒な深層水が浅海にもたらされたことも，殺傷メカニズムとして考えられる．垂直循環が急激に起こって致死的な硫化水素を含む水が多くの浅海の生物の系統に影響を与えた可能性も指摘されている．しかし，硫化水素は酸素によって急激に分解されるので，湧昇が極端に急速でない限りは浅海の生物に大きな脅威とはならなかっただろう．一方，第一波の絶滅の時期に大きく低下していた

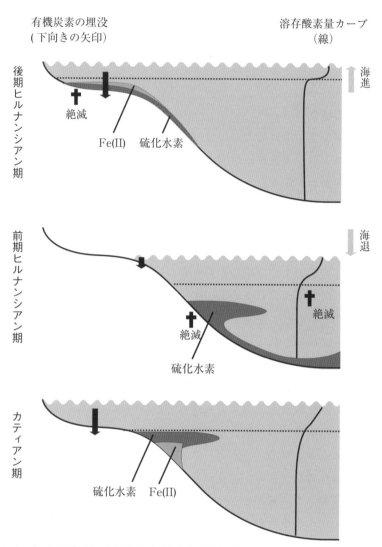

図 7-5　オルドビス紀末の絶滅と当時の海洋の様子
　平行の点線は溶存酸素量が鉛直方向に急激に変化する領域（躍層）を示す。（Harper *et. al.*, 2014 を改変）

海水準が急速に回復，大陸上にまで浅い海が出来た時代と重なる第二波の絶滅では，陸棚の中〜外側の動物相が最も影響をこうむった。この第二波の絶滅については，陸棚上をおおった海水そのものが無酸素で硫化水素に富んでいたと考えられ，これが大きな絶滅を起こしたと考えられている．有機物に富んだ黒色頁岩が広く堆積していることがその証拠である．

4. 第一波絶滅の謎

海洋の酸化説に立つ研究者は，海水中の溶存酸素量の増加が貧酸素状態に適応していた筆石類の生息場所の縮小，さらには絶滅を招いたと考えている．しかし，本来酸素を必要とする動物が，溶存酸素量の増加で絶滅するとは考えにくい．また幼生から成体までのある時期に水中や水表面を自由に浮遊あるいは遊泳して生活する三葉虫の一群がこの時期に絶滅したことは，海水中の溶存酸素量の増加によっては説明できない．さらに，深海底にも酸素が供給されたとするならば，なぜ深海生の三葉虫が絶滅したのだろうか．

(1) 炭素同位体の示す謎

地質時代の環境や生物界の様子を調べる有力な手がかりの1つは，炭素の同位体である．炭素同位体には，^{12}C と ^{13}C がある（^{14}C は半減期が約6000年と短く，数万年より古い時代の地層には残らないので，ここでは議論の対象から省く）．数字の大きい方が重い．生物はこのうち軽い ^{12}C を好んで体内に取り込む．そこで，海水中に残った炭素を取り込んで作られる無機的炭酸塩鉱物は ^{13}C に富んだものとなる．また，生物の遺骸が地層中に多量に保存されるような条件のある場合には，無機的炭酸塩鉱物中の ^{13}C の割合はさらに高くなる．

炭素同位体比を調べてみると，第一波の絶滅の起こった時代には，無機的炭酸塩岩中の ^{13}C の比率が極端に高くなる。やがて第二波の絶滅の前後には，平均的な値へと回帰する（図7-2）。第一波の絶滅の起こった時代における ^{13}C の比率が高くなる現象に対する最も簡単な説明は，軽い同位体である ^{12}C を含む有機物が堆積物中に大量に取り込まれて，海水中に残った炭素が ^{13}C に富んだものになったという考え方である。一方，国際標準模式層断面及び地点であるスコットランドのドブズ・リンの地層などで見る限り，第一波の絶滅が起こった時期には，黒色頁岩はほとんど見られず，有機物を含まない地層が優勢であり海洋中の ^{13}C を増加させるような徴候が見いだせない。炭素同位体比と地層は，お互い相容れない状況を示唆するのである。

5. 地球化学で謎を解く

黄鉄鉱（FeS_2）は，嫌気的環境下で形成される。嫌気的環境の下では，硫酸イオンがバクテリアによって還元されて硫化水素が形成される。近年，過去の海洋の酸化還元状態について地球化学的な方法で調べる研究が進展し，謎が解き明かされ始めている。この硫化水素と鉄が反応して3価の鉄（Fe_2O_3）を2価へと還元し黄鉄鉱を形成する。硫黄の同位体のうち，主なものは，^{32}S と ^{34}S である。バクテリアによる硫化水素の還元の際には，自然界に存在する ^{32}S が選択的に取り込まれるので，黄鉄鉱中にはより多くの ^{32}S が取り込まれ，それに応じて海水中の硫酸イオンには ^{34}S が濃縮することとなる。

ところが，第一波の前後の黄鉄鉱を調べると，非常に ^{34}S に富んでいることが明らかになった（図7-2）。このことは，原料となる硫酸イオンが極度に ^{34}S に富んだものであることを意味する。このようなことが起こる原因はさまざまあるが，最も単純な仮説は，黄鉄鉱を多量につくり

だすとともに，黄鉄鉱に取り込まれた ^{32}S を，堆積物中に埋めてしまうことである。そのためには，海洋中に大規模な嫌気的かつ硫化水素に富んだ環境が存在することが必要となる（Lyons *et al.* 2009）。

　すでに述べたように，現在まで残されている地層に限って言えば，好気的な環境で堆積したことが知られている。ただし，この地層は，比較的浅海に堆積した地層であり，より深い海での出来事は記録していない。この時期は海退の時期でもあり，深海での出来事を記録した地層を見つけ，上のような考え方を直接検証することは困難である。黄鉄鉱は，しかし，その中に残された同位体変動の記録から，次のような深海像を描くことを可能にしてくれる。つまり，1）より深い海には還元的かつ硫化水素に富んだ環境が広がっており，2）そこで，海水中の ^{32}S を集めて黄鉄鉱が形成され，急速に埋没することが繰り返され，その結果，海水中の硫黄中の ^{34}S の比率が極端に上昇したということである。現在まで残されている第一波の絶滅の時代の地層が浅海の好気的な環境で堆積していることと，より深い海での嫌気的な環境の存在を仮定することとは矛盾しない（Hammarlund *et al.* 2012; Harpar *et al.* 2014）。

　このことは，古くから知られていた炭素同位体比の謎を解くことにもつながる。この時代の海水中には，極端に ^{13}C が多く含まれていることはすでに述べた（図7-2）。これも，深海が嫌気的で，生物が有機物中に濃縮した ^{12}C が急速に埋没して，結果，海水自体に ^{13}C が濃縮し，この海水中で作られた炭酸塩岩中にも ^{13}C が取り込まれたと考えることによって説明がつく。

　さて，第一波の絶滅の様子をもう一度振り返ってみよう。もし，第一波の絶滅の原因が，好気的な環境が広がったことだとすると，深海は動物の酸素呼吸にとって好ましい環境となるはずで，深海底での絶滅を説明しにくい。また，もともと酸素を必要とする多細胞動物に属する筆石

類が，半嫌気的な環境に適応していたからといって海水中の酸素濃度の上昇によって絶滅が引き起こされたとは考えにくい。さらに，幼生から成体にいたるいずれかの段階で浮遊性の生活を送っていた三葉虫が絶滅したことも説明できない。

　しかし，海洋のある程度以上の深さで嫌気的かつ硫化水素に富んだ海域が広がっていたとすれば（図7-5），深海底での絶滅も，海洋のある程度の水深で浮遊生活をしていた筆石や三葉虫の絶滅を一元的に説明できる。近年の地球化学的な研究の進展によって，より合理的な仮説が第一波の絶滅について得られたのである。今後，より深い海底で堆積した地層が各地で発見されれば，炭素同位体や硫黄同位体の分析から推定された嫌気的，硫化的な環境が存在したことの直接の証拠を見つけることで，この説の妥当性が確かめられると期待される。第2波の絶滅には，第1波の絶滅をもたらした深海の嫌気的かつ硫化的な水塊が海進とともに浅海に広がったことが大きく寄与しているのだろう。

6. まとめ

　オルドビス紀末を例に大量絶滅について述べてきた。地層は過去の出来事を100％記録しているわけではないので，絶滅の様相を知ること，ましてやその原因を突き止めることは容易なことではない。それでも，世界中の地質学者・古生物学者が協力して，地層を研究するとともに，地球化学をはじめとする境界領域の研究者とも連携することで，少しずつ絶滅事件の様相も明らかになりつつある。しかし，地球の歴史は46億年，そして多細胞動物の歴史だけをみても5億年以上あり，その盛衰の具体像は，解明されたというにはほど遠い状況である。前章および，本章を読まれた読者諸賢が地球と生命の歴史に興味をもたれ，いずれその解明の第一線に立たれることを期待する。

参考文献

Brenchley, P. J., Marshall, J. D. and Underwood, C.J., 2001. Do all mass extinctions represent an ecological crisis? Evidence from the Late Ordovician. *Geological Journal*, 36: 329-340.

Fortey, R.A., 1989. There are extinctions and extinctions : examples from the lower Paleozoic. *Philos. Trans. R. Soc. Lond.* B325: 327-355.

Hallam, A. and Wignall, P. B. (1997) *Mass Extinction and their Aftermath*. Oxford Vnivers: ty Press, Oxford.

Hammarlund , E. U., Dahl, T. W., Harper, D. A. T., Bond, D. P. G., Nielsen, A. T., Bjerrum, C. J., Schovsbo, N. H., Schönlaub, H. P., Zalasiewicz, J. A. and Canfield, D. E., 2012. A sulfidic driver for the end-Ordovician mass extinction. *Earth and Planetary Science Letters*, 331-332, 128-139.

Haq, B. U. and Schutter, S. R. (2008) A Chronology of Paleozoic Sea-Level Changes. *Science*, 322: 64-68.

Harpar, D. A. T., Hammarlund, E. U. and Rasmussen, C. M. Ø., 2014. End Ordovician extinctions: A coincidence of causes. *Gondowana Research*, 25: 1294-1307.

Lyons, T.W., Anbar, A. D., Severmann, S., Scott, C., Gill, B. C., 2009. Tracking euxinia in the ancient ocean: a multiproxy perspective and proterozoic case study. *Annu. Rev. Earth Planet. Sci.* 37, 507-534.

Sepkoski, J. J., Jr. 1990 Evolutionary faunas. In D. E. G. Briggs and P. R. Crowther (eds.), *Palaeobiology: A synthesis*, pp. 37-41. Blackwell Scientific Publications, Oxford.

8 | 植物の陸上進出と多様化

長谷部　光泰

《目標&ポイント》　陸上にはいろいろな種類の植物が生育している。これらの植物は陸上植物と呼ばれ，水の中にいた緑藻類から進化し，約4億8千万年前に上陸したと考えられている。では，水の中に生活していた緑藻類から何が変わることで陸上化ができたのだろうか。また，陸上化したあと，どんな進化が起こったのだろうか。これらの問題について陸上植物の代表的な群を比較しながら考えてみる。
《キーワード》　緑藻類，接合藻類，陸上植物，コケ植物，小葉類，シダ類，裸子植物，被子植物，頂端分裂組織，配偶体，胞子体，気孔，水通導組織

1. 植物とは

　「植物」の概念は研究の進展に伴い大きく変わってきた。例えば，二名法を考案したリンネ（1707-1778）は植物を24グループに分類した。そのうち，23グループは花の咲く植物（被子植物）で，残りの1グループは陰花植物と名づけられ，動物でない残りの生物が含まれていた。その後，光学顕微鏡の発達に伴い細胞の観察ができるようになると，葉緑体をもつ生物が植物と認識されるようになってきた。さらに，電子顕微鏡が発達すると，葉緑体には形態の異なるものがあることがわかってきた。葉緑体は，光合成細菌であるシアノバクテリアの祖先が真核生物に共生（一次共生）したことによってできたが，その後，葉緑体をもった真核生物が別の真核生物にさらに共生（二次共生）することが何回もあったことがわかってきた（図8-1）。例えば，ミドリムシは二次共生によって葉

緑体をもつように進化した。一次共生由来の葉緑体をもつ生物を「一次植物」と呼んでいる。一次植物の祖先から，アサクサノリなどの「紅色植物」や陸上植物を含む「緑色植物」が進化した。このように，「植物」という言葉には科学の歴史が詰まっていることを感じるとともに，用語の使用にあたっては注意が必要である。本章では，緑色植物の中で陸上へ進出した「陸上植物」に焦点を当て，緑色植物が陸上生活をし，多様化していく上で鍵となった変化は何だったのかを考察していく。

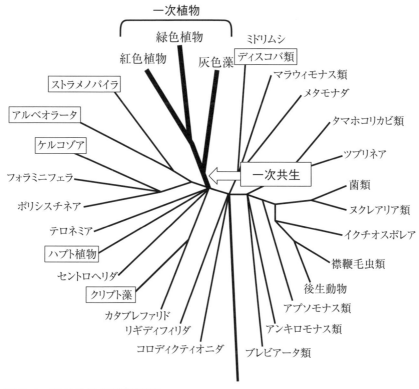

図8-1　真核生物の系統関係
Adl *et al.* (2012) J. Eukaryot. Microbiol. 59: 429 を元に改図。緑色植物，紅色植物，灰色藻が一次共生によって生じた一次植物である。一次植物が他の真核生物に共生してできた二次植物を含む群の名前を四角で囲った。

2. 陸上植物に最も近縁な緑色植物

　陸上植物は，緑色植物の中で，主に陸上で繁栄している一群であり，現生種はコケ植物，小葉類，シダ類，裸子植物，被子植物に分けられる（図8-2）。化石や遺伝子を用いた研究から，共通の祖先から進化したことがわかってきた。陸上植物以外の緑色植物は水中で生活しているものが多く，陸上植物の共通祖先も水中生活していただろうと推定されている。陸上植物の共通祖先でどのような変化が起こって上陸できたのだろうか。陸上は乾燥しているので，乾燥を防ぐしくみの進化が必要であっただろうと推定されている。約4億8千万年前の地層から，他の藻類よりも厚い胞子壁をもつ胞子化石や脂質の層であるクチクラでおおわれた組織が見つかっており，これらは陸上植物の祖先のものではないかと推定されている。しかし，祖先の形態がよくわかる大型化石は見つかっていない。では，現生種で陸上植物にいちばん近縁な緑色植物はどんな群だろうか。形態や遺伝子を用いた解析から長らく議論が続いてきたが，ゲノム解読とその比較から，接合藻類（アオミドロやミカヅキモの仲間）であることがわかってきた（図8-2）。

3. 頂端分裂組織の進化

　接合藻類にはミカヅキモのような単細胞のものとアオミドロのように細胞が糸状に連なる多細胞の糸状体のものがある。糸状体を構成する細胞は特定の細胞が分裂するわけではなく，あちこちの細胞が分裂する。一方，すべての陸上植物は茎や根の先端のように，体の端の特定の部分で細胞が活発に分裂する。このような部分を「頂端分裂組織」と呼ぶ。植物は動物のように素早く動けないが，茎の頂端分裂組織からつくられる細胞によって光のある方向に伸びたり，根の頂端分裂組織によって水

第8章 植物の陸上進出と多様化 | 129

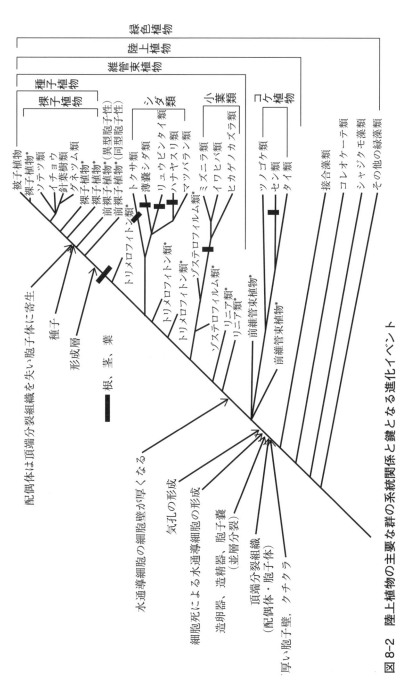

図 8-2 陸上植物の主要な群の系統関係と鍵となる進化イベント
絶滅した群は名前の右側に * を付けた。

や養分のある方向に伸長したりすることができる。頂端分裂組織の進化は陸上生活に適応的であったと考えられる。どのような遺伝子が変化して頂端分裂組織が進化したのかは大きな問題である。被子植物では，頂端分裂組織でつくられた植物ホルモンのオーキシンが基部側へ輸送され，輸送されてきたオーキシンが側芽などで新たな幹細胞や分裂組織の形成や活動を抑制しており，このしくみが他の陸上植物でどのように働いているかを調べれば，頂端分裂組織がどのように進化したかがわかるだろう。

4. 配偶体と胞子体の頂端分裂組織形成，多細胞化，気孔

　ここで陸上植物の進化の過程で大きく変化した生活史について復習しよう。我々ヒトを含む後生動物は，母親と父親由来の染色体をそれぞれ1組，合計2組の染色体をもつ複相である。複相の細胞が，減数分裂を介して染色体を1組もつ単相の卵と精子となり，受精によって再び複相の体をつくる。したがって，単相になるのは卵と精子の段階だけである（図8-3）。一方，接合藻類では，単相細胞が分裂して多細胞体を形成する。そして，単相の体に減数分裂を介さず卵と精子に対応する生殖細胞が形成され，受精する。ところが，受精卵の最初の分裂が減数分裂で，多細胞の複相世代を経ること無く，単相世代が開始する。したがって，複相になるのは受精卵だけである（図8-3）。

　すべての陸上植物は単相と複相の両世代に多細胞の体を形成し，それぞれ，配偶体と胞子体と呼ぶ。接合藻類は配偶体しか形成しないので，新たに胞子体が加わったことになる。さらに，種子植物以外の陸上植物は，配偶体と胞子体の両方に頂端分裂組織を形成する。このことから，陸上植物の進化の初期段階で両世代に頂端分裂組織が進化したと推定されている。頂端分裂組織形成に関わる遺伝子の研究では，胞子体と配偶

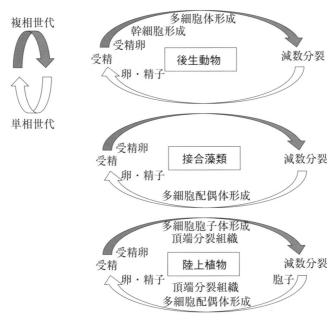

図 8-3　生活史の進化の模式図

体の頂端分裂組織で働く遺伝子が異なっており，それぞれ独立に頂端分裂組織を進化させた可能性が示唆されている．

　多細胞動物が呼吸器系と循環器系を使ってガス交換を行うように，陸上植物も呼吸や光合成のために細胞と外界との間でガス交換をする必要がある．一方で，体の中の水分が蒸発しないようにすることも必要である．このため，必要な時だけ外界との間でガス交換を行う孔，すなわち気孔が進化した（図 8-2）．現生陸上植物では胞子体世代にのみ気孔が形成されるが，化石陸上植物では配偶体と胞子体の両方から気孔が見つかっている．

5. 並層分裂による生殖細胞を守る器官（造卵器，造精器，胞子嚢）の進化

接合藻類の配偶子（卵と精子に対応する）は，他の器官によって保護されることはない。一方，陸上植物では，卵や精子は，単相である配偶体の造卵器や造精器の中につくられ，陸上の乾燥した環境に適応している。また，胞子体が多細胞化し，胞子体に胞子嚢を形成し，その中に多数の胞子を形成し，胞子繁殖するようになった。陸上植物は，接合藻類のように複数の受精卵をつくることで増えるとともに，胞子でも繁殖できるようになった。胞子は胞子嚢の中で乾燥しないように保護され形成される。造卵器，造精器，胞子嚢ともに，始原細胞が数回分裂したあと，器官表面に平行な分裂（並層分裂）が起こり，器官の外側と内側の細胞層ができ，外側の細胞は外壁，内側の細胞は生殖細胞（精子，卵，胞子）へと分化する。このように，造卵器，造精器，胞子嚢は類似した発生様式をもつことから，陸上植物の祖先で並層分裂の機構が進化し，そのしくみを流用することによって造卵器，造精器，胞子嚢が進化した可能性が高い（図8-2）。

6. 水通導組織

水の中で生育していた緑藻類は体全体から水を取り込むことができるので，水を輸送する組織は発達していなかった。一方，陸上生活をするには水を吸収する地下部から地上部に水を送ることができればより適応的である。陸上植物の初期進化の段階で，茎の中央にある，根の先端部から茎の先端部まで縦に連なる細胞を，自ら殺すしくみが進化したと考えられている（図8-2）。死んだ細胞は空洞となるので効率よく水を通すことが可能となる。このような水通導細胞の集まりを水通導組織と呼ぶ。

7. 陸上植物の共通祖先

　緑色植物が陸上化したときに，厚い胞子壁やクチクラ，配偶体世代と胞子体世代の頂端分裂組織，造卵器，造精器，胞子嚢，気孔，そして水通導細胞が進化したことを見てきた。次に，陸上植物が上陸後，どのように形態を多様化させてきたのかを見ていこう。

　2節で述べたように，緑色植物は約4億8千万年前に上陸したと考えられているが，その時代からはどんな形態の植物であったかを推定できる大型化石は見つかっていない。しかし，シルル紀後期（約4億2千万年前）からデボン紀の地層から植物体の形態がわかる大型化石が見つかっ

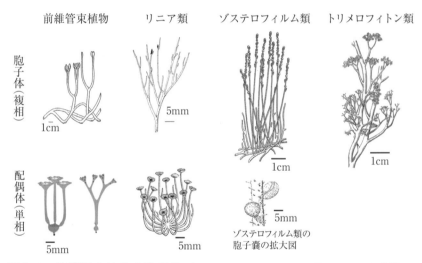

図 8-4　前維管束植物の胞子体（*Agraophyton major*：Foster and Gifford, 1998 より改図）と配偶体（*Lyonophyton rhyniensis*: Taylor et al. 2005 より改図），リニア類の胞子体（*Rhynia gwynne-vaughanii*: Edwards, 1980 より改図）と配偶体（*Sciadophyton* sp.: Taylor and Taylor, 1993 より改図），ゾステロフィルム類（全体復元図は *Zosterophyllum myretonianum*: Walton, 1964 より改図，胞子嚢の拡大図は *Sawdonia acanthotheca* で Gifford and Foster, 1988 より改図），トリメロフィトン類（*Psilophyton dawsonii*: Banks et al. 1975 より改図）。ゾステロフィルム類とトリメロフィトン類の配偶体はわかっていない。

ている（図8-4）。これらの植物は，配偶体も胞子体も多細胞の体を形成し，根と葉をもたず，枝分かれする茎だけの体をしていた。その中で水通導組織形態（後述：9節参照）から，最も原始的な形態をもっていると考えられているのが前維管束植物で約4億年前の地層から産出する。一方，現生している陸上植物の中で最も基部で分岐したコケ植物の最古の化石は約3億5千万年前から産出され，前維管束植物の方が古い。したがって，化石産出年代が正しいとすれば，陸上植物の共通祖先は前維管束植物のような形態をしており，コケ植物では胞子体が退化し配偶体に寄生するように進化したと考えられる。

8. コケ植物

コケ植物はセン類，タイ類，ツノゴケ類の3つの群からなる単系統群である（図8-2）。胞子細胞が分裂して頂端分裂組織（正確には頂端の1つの細胞のみが分裂するので頂端分裂細胞）をもつ糸状の原糸体が形成される（図8-5）。その後，原糸体上に別な性質をもった頂端分裂組織（頂端分裂細胞）が生じ，セン類とタイ類の一部では茎葉体，残りのタイ類とツノゴケ類では葉状体を形成する。茎葉体，葉状体には，造卵器，造精器が形成され，精子が水の中を泳いで造卵器に到達し受精する。昆虫に精子を運ばせたり，造精器から精子を噴出して風で精子を散布する種類もある。セン類の胞子体は造卵器がいっぱいになる程度までは頂端分裂組織が活発に分裂するが，その後は分裂を停止し，新たに胞子体の中央部分に分裂組織が形成され，「柄」が形成される。このように頂端ではなく器官の途中にできる分裂組織を介在分裂組織と呼ぶ。タイ類，ツノゴケ類では頂端分裂組織が形成されず，受精卵がほぼ等分裂を繰り返すことによって胞子体が形成される。ツノゴケ類では後に介在分裂組織が形成され，胞子体が伸長する。胞子体は生涯を通じて，配偶体とつながり，栄養，水，光合成産物のやりとりをしている。

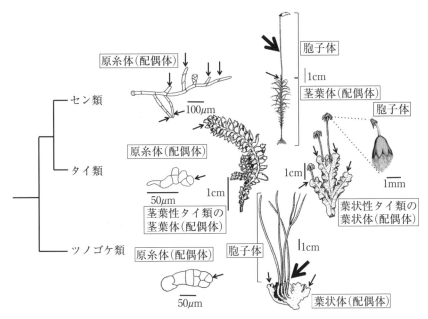

図 8-5 コケ植物のセン類（原糸体はヒメツリガネゴケ，茎葉体と胞子体は Polytrichum sp. で Bold et al. 1987 より改図），タイ類（原糸体はゼニゴケで Kny, 1870-1899 より改図，茎葉性タイ類の配偶体［茎葉体］はオヤコゴケの仲間 Schistochila appendiculata で Campbell, 1918 より改図，葉状性タイ類の配偶体［葉状体］と胞子体はゼニゴケで Smith, 1938 より改図），ツノゴケ類（Anthoceros fusiformis: 原糸体は Campbell, 1918，配偶体［葉状体］と胞子体は Smith, 1938 より改図）。細い矢印は配偶体の頂端分裂細胞，太い矢印は胞子体の分裂組織のある場所を示す

9. 前維管束植物と維管束植物

　シルル紀からデボン紀に見つかる化石の水通導細胞は細胞壁の肥厚するものとしないものがあることがわかってきた。前維管束植物（図 8-2, 図 8-4）は後者である。また，現生陸上植物では，コケ植物の水通導細

胞（道束あるいは導束細胞）の細胞壁は肥厚しないが，それ以外の陸上植物の水通導細胞（仮導管細胞，道管細胞）は肥厚する。細胞壁が肥厚する水通導細胞をもつ植物を維管束植物と呼ぶ。コケ植物の道束細胞形成と被子植物の道管細胞形成を制御する遺伝子の比較解析から，細胞死を誘導する遺伝子はコケ植物と被子植物で共通だが，細胞壁を厚くする遺伝子は被子植物だけで機能していることがわかった。このことから，陸上植物の進化の初期過程で細胞死によって水通導細胞を形成するしくみが進化し，その後，細胞壁を厚くするしくみが付け加わった可能性が高いことがわかった。細胞壁が硬くなることによってよりつぶれにくい丈夫な水通導組織になったのである。このことは，陸上植物の巨大化とも関連していると考えられる。

10. リニア類

化石植物の中で，肥厚した水通導細胞をもち，最も単純な構造をしているのがリニア類である（図8-2，図8-4）。前維管束植物のように二又分枝する茎をもち，根も葉も形成しない。茎の末端に紡錘形で放射相称の胞子嚢を頂生する。配偶体も二又分枝する茎からできており，先端に造卵器と造精器を形成する。

11. 小葉類

化石植物で次に分岐したのはゾステロフィルム類だと考えられている（図8-2，図8-4）。前維管束植物やリニア類同様二又に分枝するが，腎臓形で背腹性のある胞子嚢を枝の先端ではなく，枝の途中に側生する（図8-4）。胞子嚢形態の類似から，現生の小葉類（ヒカゲノカズラ類，イワヒバ類，ミズニラ類）はゾステロフィルム類の末裔だと考えられている（図8-2）。

ヒカゲノカズラ類の配偶体世代では胞子発芽後，頂端分裂組織が形成

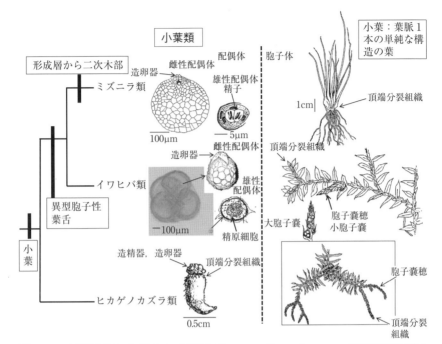

図8-6 小葉類のヒカゲノカズラ類(*Lycopodium clavatum* の両性配偶体と *Lycopodium pachystachyon* の胞子体),イワヒバ類(大胞子と小胞子の写真はイヌカタヒバ *Selaginella moellendorffii*,雌性配偶体と雄性配偶体の図と胞子体は *Selaginella kraussiana*),ミズニラ類(*Isoetes echinospora* の雌性配偶体と雄性配偶体と胞子体)。*Selaginella kraussiana* の雄性配偶体の図は Slagg, 1962 Amer. J. Bot. 19: 106 より改図,それ以外の図は Campbell, 1918 より改図)

され棍棒状の配偶体が形成される(図8-6)。配偶体上に造精器と造卵器が形成され受精が起こる。受精卵は細胞分裂を繰り返し,茎頂と根端の頂端分裂組織が形成される。ゾステロフィルム類は根も葉ももっていなかった。したがって,ゾステロフィルム類から進化してきた小葉類は他

の陸上植物とは独立に根や葉を進化させたと考えられている。小葉類の付ける葉は「小葉」と呼ばれ，他の陸上植物同様，扁平だが，1本の葉脈をもつだけの単純な構造をしている。

　ヒカゲノカズラ類はコケ植物のように1種類の胞子を形成するが，イワヒバ類，ミズニラ類は大きな雌性胞子（大胞子）と小さな雄性胞子（小胞子）を形成する（図8-6）。イワヒバ類とミズニラ類の小胞子細胞は分裂して，胞子壁の中で雄性配偶体を形成するが，頂端分裂組織を形成せず，胞子殻の中で細胞分裂し単純化した造精器を形成する。大胞子も頂端分裂組織を形成せず，胞子殻の中で多細胞化し，造卵器を形成する。胞子体世代はヒカゲノカズラ類同様，受精卵の分裂によって茎頂分裂組織，根端分裂組織の2つの頂端分裂組織が形成される。

　現生の小葉類はすべて小型の草本であるが，石炭紀には40 mにもなる高木になる種があったことが化石記録から知られている。これらの遺骸が石炭や石油となった。

12. トリメロフィトン類

　トリメロフィトン類はリニア類に似て二又分枝する茎だけをもち，枝の末端に胞子嚢を形成する（図8-2, 図8-4）。しかし，リニア類よりも大きく分枝の数も多く，二又に分かれた一方の茎が他方よりも太くなり，主軸が明瞭になる。トリメロフィトン類は多系統で，一部の系統がシダ類へ，別な系統が種子植物へと進化したと考えられている。トリメロフィトン類は根も葉も形成しないことからシダ類と種子植物で根と葉はそれぞれ独立に進化したと考えられている。さらに，茎についても，化石記録から，シダ類と種子植物の茎は独立に進化してきたと推定されている。

13. シダ類

　シダ類は，トクサ類，薄嚢シダ類，リュウビンタイ類，ハナヤスリ類，マツバラン類を含む単系統群である（図8-2，図8-7）。種によって配偶

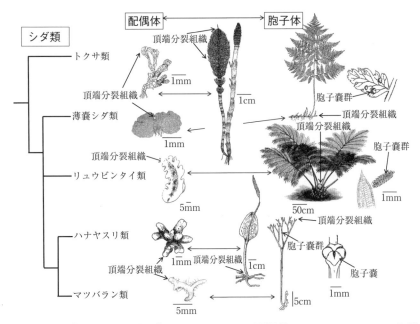

図8-7　シダ類のトクサ類（*Equisetum* sp. の配偶体は Campbell, 1949 より改図；*Equisetum telmateia* の胞子体は Campbell, 1940 より改図），薄嚢シダ類（*Nephrolepis* sp. の配偶体は Smith, 1938 より改図，ワラビ *Pteridium aquilinum* の胞子体は Smith, 1938 より改図，*Polystichum* sp. の胞子嚢群は Campbell, 1940 より改図），リュウビンタイ類（*Marattia douglasii* の配偶体は Gifford and Foster, 1989 より改図，*Angiopteris teysmanniana* の胞子体は Bower, 1926 より改図，*Marattia douglasii* の胞子嚢群は Smith, 1938 より改図），ハナヤスリ類（*Ophioglossum pedunculosum* の配偶体は Smith, 1938 より改図，*Ophioglossum vulgatum* の胞子体は Campbell, 1918 より改図），マツバラン類（*Tmesipteris tannensis* の配偶体は Campbell, 1940 より改図，*Psilotum triquetrum* の胞子体と胞子嚢は Campbell, 1918 より改図）。

体の形態は異なっているが，ほとんどの種で頂端分裂組織が形成され，塊状あるいは葉状，リボン状などになり，造卵器と造精器を形成する。胞子体は，マツバラン類以外では，茎頂と根端に頂端分裂組織を形成し，シュートと根を形成する。

　マツバラン類は茎頂分裂組織のみを形成し，根が無い。また，葉も形成せず，二又分枝する茎だけからできている。葉や根を形成しないことから，葉や根を形成する他のシダ類と比較解析することで，葉や根の起源がわかるかもしれないが，十分に遺伝子レベルの研究が進んでいない。

　トクサ類は茎に小葉類のような葉脈が1本だけ通った小さな葉を輪生し，葉の腋に新たな茎頂分裂組織が形成されて伸び出す独特な形態をしている。生殖茎は，先端に胞子嚢穂（胞子嚢が集まった穂状の枝）を形成する。

　薄嚢シダ類とリュウビンタイ類は茎頂分裂組織から連続的に葉を形成し種子植物のシュートに似ている。しかし，茎頂分裂組織の大きさが小さく，ほとんどの種子植物よりも葉の形成速度が遅く，1年間に数枚の葉しか形成しない。また，ともに若い葉は渦巻き状になる。リュウビンタイ類は葉の基部に大きく丈夫な托葉を形成すること，葉に関節がある点で薄嚢シダ類の葉と異なっている。

　トクサ類，薄嚢シダ類，リュウビンタイ類ともに葉は扁平であるが，ハナヤスリ類の葉は，胞子を付けない栄養部と胞子を付ける生殖部が向き合うような形となる。

　このように，シダ類はそれぞれの群によって葉形態が異なっており，トリメロフィトン類から独立に進化してきた可能性があり，今後の詳細な研究が必要である。

14. 前裸子植物

　ゾステロフィルム類から小葉類，トリメロフィトン類からシダ類が進化するときに，それぞれ独立に根，茎，葉が進化した（図8-2）。根は地中から水分や養分を吸収するためなど，茎は体を支え光を得るために大きくなるためなど，葉は光合成するためなどにそれぞれ適応的であり，いろいろな系統で似たような形態が進化したと考えられる。そして種子植物の系統でもトリメロフィトン類から，シダ類とは独立に根，茎，葉が進化した。種子植物の系統で最初に進化したのは前裸子植物であると考えられている。前裸子植物はトリメロフィトン類のように胞子嚢を形成し，まだ種子は形成していなかった。トリメロフィトン類と違う点は，根茎葉を形成することに加え，茎が太い丈夫な幹となっていたことである（図8-8）。これは，茎の中に，維管束形成層と呼ばれる円柱状の分裂組織が進化し，そこから，二次木部と呼ばれる細胞を作りだすようになったからである。前裸子植物の段階で進化した二次木部は，現生の裸子植物，被子植物へと引き継がれ，光合成のための光を求めた競争で巨大化に寄与するとともに，人類にとっては木材として利用されている。

図 8-8　前裸子植物
Archaeopteris sp. で，Beck 1962. Amer. J. Bot. 49: 373 より改図。

15. 種子植物

　前裸子植物の中に種子を形成するものが出現し，裸子植物へと進化したと推定されている。裸子植物の配偶体は頂端分裂組織を形成せず，胞

子体に寄生し，胞子体組織と共同して種子を形成する（図8-2，詳しくは第9章参照）。裸子植物の多くの種は絶滅し，現在生き残っているのはソテツ類，イチョウ，針葉樹類，グネツム類の4群であり，それぞれ形態は異なるが単系統群である（図8-9）。そして，絶滅した裸子植物の一群から被子植物の祖先が進化してきたと考えられている。裸子植物，被子植物はともに種子を作るので併せて種子植物と呼ばれる。種子植物は単系統であると考えられており，ほとんどの種は茎頂分裂組織，根端分裂組織，維管束形成層をもち，それらの活性を変化させることによって

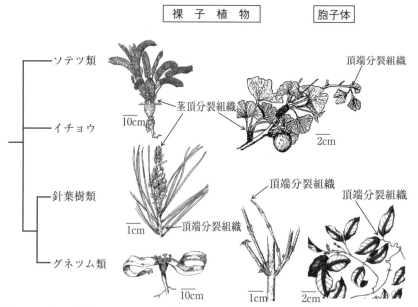

図8-9 裸子植物のソテツ類（*Zamia floridana* で Campbell, 1940 より改図），イチョウ（Lawrence, 1951 より改図），針葉樹類（*Pinus ponderosa* で Campbell, 1940 より改図），グネツム類（奇想天外で Campbell, 1940 より改図［左］と *Ephedra trifurca* で Campbell, 1940 より改図［中央］と *Gnetum parvifolium* で Rumphius, 1747 より改図［右］）の胞子体。

異なった形態がつくられている。また，葉の腋に茎頂分裂組織が形成されるようになり，地上部の形態が複雑化した。種子植物，とりわけ被子植物の形態は根，茎，葉が変形して多様化しているが，茎頂分裂組織，根端分裂組織，腋芽ができる位置に注意して観察すると，形態がうまく理解できる（図8-10）。

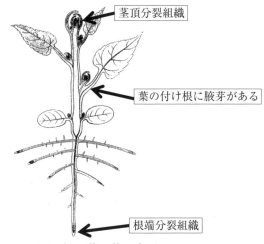

図8-10　根，茎，葉の変形

16. まとめ

　本稿では，陸上植物の形態と進化について概観した。緑色植物の陸上化にあたっては，生殖細胞を保護する造精器，造卵器，胞子嚢，地上部に水分を輸送する木部通導組織，そして，蒸散を防ぐワックスとガス交換のための気孔の進化などが重要であったと考えられている（図8-2）。また，一見，とりとめもなく多様に見える陸上植物であるが，「頂端分裂組織」に注目し，それらを時空間的にどのように使うかによって多様性が生み出されていることがわかる。生物の発生過程は，祖先の段階で持っていた構成単位（モジュール：この場合は「頂端分裂組織形成維持機構」）を異なったタイミングや場所で用いたり，モジュールの一部が突然変異で偶然に変わることによって，進化がおこっている。進化の過程で，表現型のレベルでは全く新しいものができているように見える場合でも，

モジュールに分解して考えると以前の生物が用いていたものである場合も多い。陸上植物の進化においても，動物の進化で見られるような，(1)全く新しい形質の進化と(2)別な用途に用いていた形質を別な場所で使うようになる進化の両方が重要であるという原理が用いられているのである。

参考文献

長谷部光泰，鈴木武，植田邦彦監訳『維管束植物の形態と進化』（文一総合出版，2002年）（原著：E.M. Gifford and A.S. Foster. 1988. Morphology and Evolution of Vascular Plants. Freeman and Company, New York）

石井龍一，竹中明夫，土橋豊，岩槻邦男，矢原徹一，長谷部光泰，和田正三編『植物の百科事典』（朝倉書店，2009年）

岩瀬徹，川名興，飯島和子著『新・雑草博士入門』（全国農村教育協会，2015年）

9 | 花の進化：陸上植物の生殖器官の進化

長谷部　光泰

《目標＆ポイント》　花は被子植物の生殖器官であり，被子植物以外の植物は花をもたない。では，花はどのように進化してきたのだろうか。陸上植物に最も近縁な接合藻類，陸上植物のコケ植物，小葉類，シダ類，裸子植物の生殖器官を比較することで，花がどのように進化してきたのかを考えてみる。
《キーワード》　花，胞子嚢，進化，接合藻類，コケ植物，小葉類，シダ類，裸子植物，被子植物

1. はじめに

　花は被子植物の生殖器官で，ガク片，花弁，雄蕊、雌蕊から形成される。虫のような小動物や風や水の流れを利用して花粉を媒介している。どのような手段で花粉を媒介するかによって，花形態は多様に変化している。一方，同じ陸上植物だが，コケ植物，小葉類，シダ類，そして，裸子植物は花をもたない。しかし，これらの植物も生殖し，子孫を残している。本章では，被子植物以外の植物の生殖器官と花はどのような関係にあるのか，そして，花はどのように進化してきたのかを見てみよう。

2. 接合藻類の生殖

　接合藻類は陸上植物に最も近縁な緑藻類であり（第8章，図8-2），単相世代に多細胞の体（配偶体）を形成する。そのため，減数分裂なしで生殖細胞を形成する。近接した生殖細胞どうしが接合管と呼ばれる管

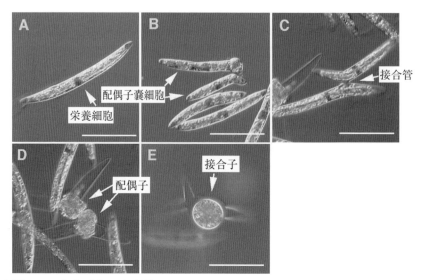

図9-1　ミカヅキモの生殖
栄養繁殖期は栄養細胞（A）が二分裂して増殖するが，生殖期になると，分裂して配偶子嚢細胞が形成され（B），配偶子嚢細胞をつなぐ接合管（C）を通して配偶子（D）が接合する（E）。関本弘之教授（日本女子大）提供。

を出して接合し，両細胞の内容物が融合し受精が起こる（図9-1）。接合する2つの細胞には，外見上，精子と卵のような雌雄の区別がないが，遺伝子発現などが違っており，異なった性質の細胞である。接合藻類ではこれらの生殖細胞は他の器官によって保護されることはない。受精卵は体細胞分裂することなく，すぐに減数分裂して単相の配偶体を形成する。したがって，複相の体（胞子体）は形成しない。

3. 前維管束植物：造卵器，造精器，胞子嚢の進化

　陸上植物の共通祖先の可能性がある前維管束植物は，化石記録から，配偶体世代に接合藻類と同じように卵と精子を形成していたと推定され

ている（図 9-2）。しかし，大きな違いは，卵と精子が造卵器と造精器という多細胞の保護器官の中に形成されるようになったことである。陸上植物の姉妹群である接合藻類は造卵器も造精器も形成しないが，その外側に位置するシャジクモ藻類は造精器と造卵器（藻類の場合は発生過程が異なるので生卵器と呼ばれることもある）を形成する。このことから，陸上植物とシャジクモ藻類の共通祖先で造精器と造卵器が進化して接合藻類で退化したか，あるいは，陸上植物とシャジクモ藻類で独立に造精器と造卵器が進化したと考えられる。造精器と造卵器の獲得は，陸上生活をするにあたって，細胞壁のない精子と卵を乾燥から守ることに役立ったと考えられている。

造卵器が進化することで，造卵器の中の受精卵が造卵器から分泌される養分や植物ホルモンによって影響を受け，接合藻類にはない胞子体が

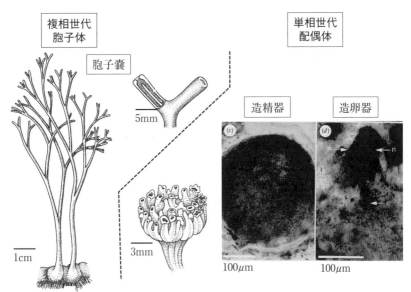

図 9-2　前維管束植物の生殖器官
Kenrick and Crane 1997 および Kenrick 2000 Phil. Trans. R. Soc. Lond. B 355: 847-855 より改図。

進化したのではないかと考えられている。頂端分裂組織によって成長した胞子体は、生殖期になると胞子嚢を形成する。胞子嚢は並層分裂によって1または数枚の細胞層が外側をおおい、内側の細胞が減数分裂することで単相の胞子を形成する器官である。第8章で見たように、造精器、造卵器、胞子嚢は類似した発生様式で形成され、共通の機構によって進化した可能性がある。

前維管束植物の単相の配偶体世代と複相の胞子体世代が交代する生活史は、陸上植物全般に共通である（第8章、図8-3）。配偶体世代から胞子体世代への移行は配偶子（精子と卵）の受精、胞子体世代から配偶体世代への移行は減数分裂を伴う胞子形成によって起こる。有性生殖の意義は、遺伝的に多様な子孫を残すことであり、減数分裂時に遺伝子の組換えや染色体の分離が起こることで、親とは異なった遺伝子組成を持つ配偶子が形成される。したがって、胞子体における胞子形成、受精による配偶子の融合はともに有性生殖の過程である。

4. コケ植物の生殖器官

コケ植物はセン類、タイ類、ツノゴケ類のどの群も配偶体が独立生活し、配偶体上に造精器と造卵器が形成される（図9-3）。ともに組織の中に埋没していたり、周りを葉状の器官がおおったりするとともに、周辺の分泌毛から粘液が分泌され、乾燥に耐える形態をしている。3群とも、受精卵が体細胞分裂してできる胞子体に、1つの胞子嚢が形成される。並層分裂でできた外側の細胞が胞子嚢壁、内側の細胞が減数分裂して胞子となる（第8章参照）。胞子嚢は胞子散布が効率的にできるように各群、あるいは各群の中の種間で多様化している。例えば、セン類は胞子嚢上部の胞子嚢壁が変化して、蒴歯と呼ばれる器官を形成し、胞子嚢の中から胞子をはじき飛ばす。

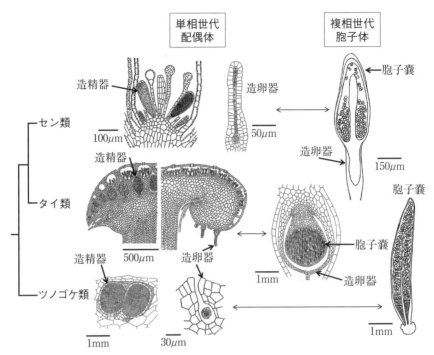

図 9-3 コケ植物の生殖器官

セン類（造精器は *Funaria hygrometrica* で Smith, 1938 より改図，造卵器と胞子体は *Andreaea petrophila* で Campbell, 1918 より改図），タイ類（造卵器，造精器，胞子体はゼニゴケで Smith, 1938 より改図），ツノゴケ類（造精器は *Anthoceros fusiformis*，造卵器は *Anthoceros laevis* で Smith, 1938 より改図，胞子体は *Notothylas orbicularis* で Campbell, 1918 より改図）。

5．小葉類の生殖器官

　小葉類は単系統群でヒカゲノカズラ類，イワヒバ類，ミズニラ類を含む。葉の向軸側基部に胞子嚢が形成される（図9-4）。祖先と推定されているゾステロフィルム類の茎の表面に形成されていた胞子嚢が，小葉類

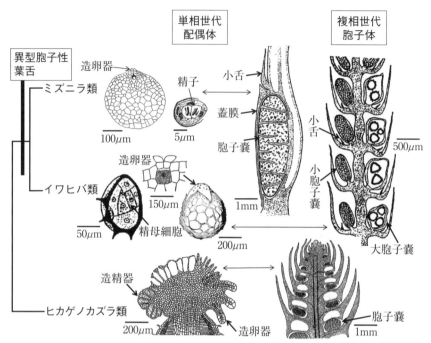

図 9-4　小葉類の生殖器官

ヒカゲノカズラ類（配偶体は *Lycopodium annotinum*，胞子体は *L. cernuum* で Smith, 1938 より改図），イワヒバ類（雄性配偶体は *Selaginella kraussiana*，胞子体は *S. oregana* で Smith, 1938 より改図），ミズニラ類（*Isoetes echinospora*: の雌性配偶体と雄性配偶体と胞子体は Campbell, 1918 より改図）

の系統で葉が進化したときに，向軸側に位置するようになったと考えられている．陸上植物全体を見ると，胞子嚢の付く位置は葉の背軸側や横側，あるいは枝の先や枝が変形した器官など多様であり，胞子嚢と茎だけだった祖先から独立に葉や，より複雑な茎が進化して，その折りに，独立に新しく胞子嚢と葉や茎の関係が生み出されたために，胞子嚢と葉の位置関係が多様であると考えられる．

ヒカゲノカズラ類では，胞子嚢だけが葉の向軸側に形成されるが，イワヒバ類とミズニラ類では，胞子嚢の横に「小舌」と呼ばれる膜状の器官が形成され，そこから粘液が分泌され胞子嚢を保護している．さらに，ミズニラ類では小舌に加えて，ヴェルムと呼ばれる膜状の器官が胞子嚢を被って保護している．胞子嚢を保護するための器官は，陸上植物のいろいろな系統で独立に進化しており，そのうちの1つが花へとつながっていることをこの後見ていく．
　イワヒバ類とミズニラ類は，雌性胞子嚢と雄性胞子嚢の2種類の胞子嚢をつくり，それぞれに，造卵器を形成する雌性配偶体をつくる雌性胞子と造精器を形成する雄性配偶体をつくる雄性胞子を形成する．これは，異型胞子性と呼ばれる．一方，ヒカゲノカズラ類は，1種類の胞子嚢に1種類の胞子のみをつくる同型胞子性である．1つの胞子からできた配偶体に形成される卵と精子は，同じ遺伝子型なので，これらが受精すると，遺伝子組成を多様にするという有性生殖の利点がなくなってしまう．異型胞子性になれば，卵と精子が別々の胞子からつくられることになるので，この問題を回避できる．一方，同型胞子の場合も，同一の配偶体において，造精器と造卵器を別の時期につくることによって，同じ配偶体由来の卵と精子が受精しないしくみが進化している．有性生殖の利点が使えるように，系統によって異なった方法で形質を進化させているのである．異なった方法でも，同程度に適応的（同じ数の子孫が残せる）なので，多様性が維持されているのである．
　ここで，進化の過程について結果と目的を間違えないように，有性生殖を例に指摘しておく．「有性生殖をして遺伝的多様性を増やす目的で，異型胞子性が進化した」というのは間違いで，「異型胞子性が進化した結果，有性生殖における遺伝的多様性が増えた」が正しい．生物は目的をもって進化しない．偶然起きた遺伝子突然変異によって，それまでとは

異なった表現型の個体が生まれ，それが他の個体よりもより多くの子孫を残せた（適応的だった）ので，その突然変異が残ったのである。

6. シダ類の生殖器官

　シダ類は絶滅したトリメロフィトン類の一部から進化したと考えられており，現生種はトクサ類，マツバラン類，ハナヤスリ類，リュウビンタイ類，薄嚢シダ類を含む単系統群である（図9-5）。トクサ類はいわゆる「土筆の穂」に胞子嚢を形成する。先端に胞子嚢を形成した枝が融合して胞子嚢床を形成する。胞子嚢は発生過程において胞子嚢床によって保護されている。薄嚢シダ類では，たくさんの胞子嚢が集まって胞子嚢群を形成し，包膜，葉縁の巻き込みなど，分類群によってさまざまな方法で胞子嚢群が保護されている。また，胞子嚢は環帯と呼ばれる胞子散布装置をもつ。

　トクサ類と薄嚢シダ類では，胞子嚢は一つの始原細胞から形成され，小さく少数の胞子を内包する。一方，他の陸上植物では，胞子嚢は複数の始原細胞から形成され，大きく多数の胞子を内包する。そのため，薄嚢シダ類の胞子嚢はトクサ類以外のシダ類の胞子嚢よりも薄いため，「薄嚢」と呼ばれる。多数の小さな胞子嚢に少しの胞子を形成するか，少数の大きな胞子嚢にたくさんの胞子を形成するかの繁殖戦略の違いである。水生シダ類であるデンジソウ科，サンショウモ科，アカウキクサ科は異型胞子性で，雌性と雄性の胞子嚢を形成する。リュウビンタイ類の胞子嚢は葉の裏に形成される。胞子嚢を保護する器官がない代わりに，胞子嚢の外側の細胞の細胞壁が硬化し，内側での胞子形成を保護する。ハナヤスリ類は1枚の葉が栄養部と生殖部に分かれており，生殖部は葉身がなく，葉軸側方に胞子嚢が形成される。発生過程で生殖部は栄養部におおわれているとともに，分厚い胞子嚢壁が胞子嚢を保護している。マツ

バラン類は葉を形成せず，茎の先端に胞子嚢を形成する点で，祖先群であるトリメロフィトン類に似ている。胞子嚢の発生過程で枝に付く葉状突起が胞子嚢を保護している。

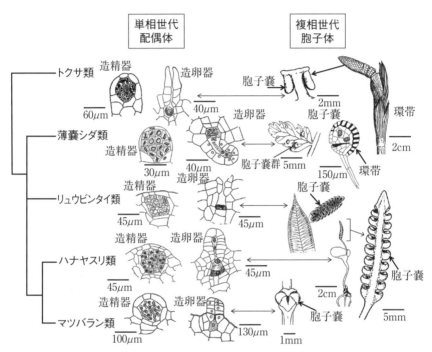

図 9-5 シダ類の生殖器官
トクサ類の造精器と造卵器は *Equisetum* sp.，胞子体は *E. telemateia* でともに Campbell, 1918 より改図。薄囊シダ類の造精器は *Nephlorepis* sp.，造卵器は *Onoclea sensibilis* でともに Smith, 1938 より改図，胞子嚢群は *Polystichum* sp. で Campbell, 1940 より改図，胞子嚢は *Polystichum* sp. で Gifford and Foster, 1989 より改図。リュウビンタイ類の造精器と造卵器は *Marattia douglasii* で Campbell, 1918，胞子嚢は *Marattia douglasii* で Gifford and Foster, 1989 より改図。ハナヤスリ類の造精器と造卵器は *Botrychium virginianum* で Campbell, 1918 より改図，胞子体と胞子嚢は *Ophioglossum moluccanum* で Smith, 1938 より改図，マツバラン類の造精器と造卵器は *Tmesipteris tannensis* で Smith, 1938 より改図，胞子嚢は *Psilotum triquetrum* で Campbell, 1918 より改図。

7. 種子植物の胞子嚢と胞子形成

　種子植物の祖先は絶滅した前裸子植物で，その祖先はトリメロフィトン類だと考えられている。前裸子植物は維管束形成層をもち，肥大する茎をもっていたが，トリメロフィトン類と同じように胞子嚢を形成した。前裸子植物の中に同型胞子性の種と異型胞子性の種が見つかっており，トリメロフィトン類からまず同型胞子性の種が進化し，その後，異型胞子性が進化したのではないかと考えられている。コケ植物，小葉類，シダ類，前裸子植物の胞子嚢は，いろいろな器官によって保護されていた。しかし，これらの器官は胞子嚢と癒合することはなく，独立な器官として保護機能を担っていた。一方，種子植物では，雌性胞子嚢（種子植物の雌性胞子嚢を珠心と呼ぶ）がそれをおおう珠皮と癒合して胚珠を形成する（図9-6）。胚珠が成熟すると珠皮が種皮となって，種子が形成される。珠皮は種子植物の進化の鍵となる形質であるが，祖先のどんな器官からどのように発生過程を変えることによって進化してきたのかは，わかっていない。さらに，裸子植物では珠皮が1枚，被子植物は2枚あり，被子植物では胚珠がさらに心皮でおおわれている。雄性胞子嚢は他の陸上植物と同じように別な器官でおおわれることはないが，後述するように雄性配偶体と相同な花粉が形成されるので花粉嚢と呼ばれる（図9-6）。

　種子植物以外の陸上植物は単相単細胞である胞子を散布することで繁殖する。そして，胞子は野外で発芽し，配偶体が多細胞化し，独立生活をし，造卵器と造精器をつくり，卵と精子を形成する。異型胞子性の種においても配偶体は母体から離れて形成される。一方，種子植物では，珠皮に包まれた雌性胞子嚢は雌性胞子を散布せず，雌性胞子は雌性胞子嚢内で細胞分裂して配偶体形成を行い，造卵器と卵を形成する（図

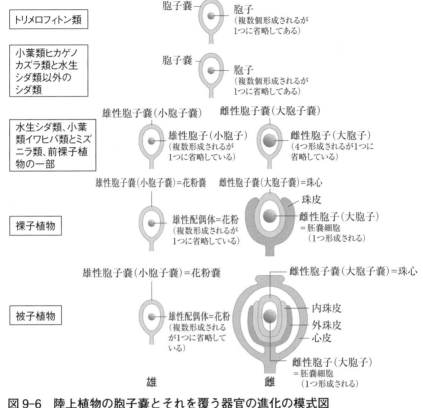

図 9-6　陸上植物の胞子嚢とそれを覆う器官の進化の模式図
(長谷部 2014, 高校生物解説書講談社より改図)

9-7)。そして、そのまま胞子体上で受精する（図 9-8）。受精後、胞子嚢内で受精卵から胞子体初期発生が進行し、若い胞子体とその栄養分となる組織を内包した種子が形成された段階で散布される。雄性胞子は、散布前に細胞分裂し、配偶体細胞と将来精子となる雄原細胞が胞子壁内で形成される。この際、雄原細胞が配偶体細胞の中に取り込まれ、細胞内細胞となる。細胞の中に別な細胞が取り込まれるのは、真核細胞がバク

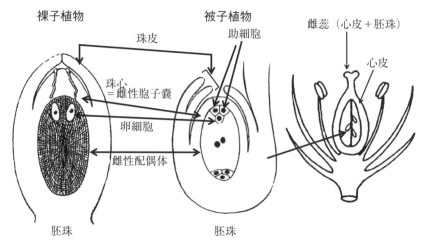

図 9-7 裸子植物と被子植物の雌性配偶体形成の模式図
(Gifford and Foster 1989 より改図)

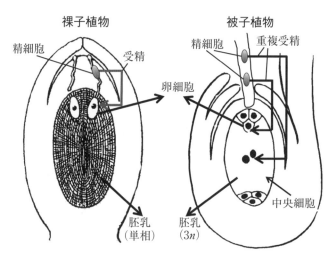

図 9-8 裸子植物と被子植物の受精の模式図
(Gifford and Foster 1989 より改図)

テリアを細胞内に取り込んでミトコンドリア，植物細胞の祖先がバクテリアを取り込んで葉緑体を形成した細胞内共生に似ていて，どのようなしくみによっているのか不思議である。しかし，その分子機構はわかっていない。このようにして形成された細胞は雄性胞子が分裂してできたものであるから雄性配偶体であり，花粉と呼ばれる。種子植物以外では雄性胞子が散布されるが，種子植物では雄性配偶体である花粉が散布される。

8. 裸子植物の生殖器官

　現生裸子植物は鞭毛をもつ精子を形成するソテツ類，イチョウ類と，鞭毛をもたない精細胞で花粉管を使って受精する針葉樹類とグネツム類の大きく2つのグループに分かれる（図9-9）。裸子植物の胚珠は珠皮の先端部の穴から粘液（受粉滴）を分泌し，ここに付いた雄性胞子（花粉）が胚珠内に取り込まれる。ソテツ類とイチョウ類では，胞子嚢（珠心）に隙間が出来て花粉が珠心内に取り込まれ，珠心組織上で発芽し，精子を放出する。精子は，珠心と配偶体の隙間を泳いで，配偶体上に形成された卵と受精する。針葉樹類とグネツム類では，珠心が厚くなり，配偶体は珠心の中央部に形成される。そこで，精子の代わりに，配偶体細胞が頂端伸長によって花粉管として珠心組織中を伸長し卵細胞に到達する。花粉管の中を精原細胞からできた精細胞が先端部へ移動し，花粉管と卵細胞が出会い，花粉管が破裂すると，卵細胞と精細胞が融合し，受精卵ができる（図9-8左）。

　裸子植物の生殖器官は胞子葉が集合して穂のようになる胞子嚢穂を形成する（図9-9）。裸子植物はすべて，雌性胞子嚢穂と雄性胞子嚢穂が別の個体に形成されるか，同じ個体でも別のシュートに形成される。ソテツ類の雄性胞子嚢穂は背側一面に胞子嚢を形成した雄性胞子葉が螺旋状

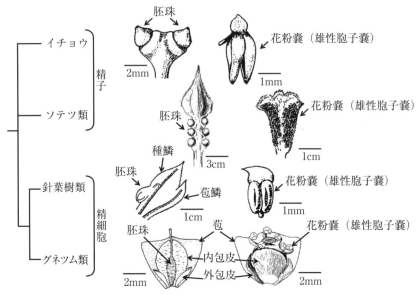

図 9-9　裸子植物の胞子体生殖器官
イチョウは Lawrence, 1951 より改図．ソテツ類雌性胞子葉は *Cycus rumphii* で Campbell, 1940 より改図．雄性胞子葉は *Dioon edule* で Campbell, 1940 より改図．針葉樹類はコウヤマキで熊澤，1979 より改図．グネツム類は奇想天外で Gifford and Foster, 1989 より改図．

に配列する．雌性胞子嚢穂は雌性胞子葉の側面に胚珠を形成する．イチョウの雄性胞子嚢穂は主軸に螺旋状に葉とも茎とも言いがたい器官を形成し，各器官の先端に2つの雄性胞子嚢を付ける．雌性胞子嚢穂は茎の先端が2分枝し2つの胚珠を形成する．胚珠の基部に襟と呼ばれる突起があるがこの構造が他の植物のどの構造に対応するのかは不明である．針葉樹類の雄性胞子嚢穂はソテツ類同様，主軸の背側に胞子嚢が付いた雄性胞子葉を螺旋状に形成する．雌性胞子嚢穂は複雑で，胚珠を抱いた鱗片状の器官は種鱗苞鱗複合体と呼ばれ，化石と現生種の比較から，苞

鱗の葉腋に生じた，種鱗と胚珠の両方を付けた枝が苞鱗と癒合することで種鱗苞鱗複合体が進化したと考えられている。グネツム類はグネツム属，マオウ属，ウェルウィッチア属からなるが，それぞれ栄養器官，生殖器官の形態が異なっている。共通しているのは，胞子嚢穂の苞の腋に被子植物の花に似た生殖シュートを形成することである。雄の生殖シュートは1組あるいは2組の葉的器官（内包皮と外包皮）と花粉嚢を持つ雄性胞子葉が癒合して枝状になった器官，そして，退化縮小した胚珠を含む。一方，雌の生殖シュートは珠心を1枚の珠皮がおおった胚珠が，1組あるいは2組の葉的器官（内包皮と外包皮）に被われる。雄性胞子嚢穂に見られるように1つのシュートに雌雄生殖器官を併せ持つという点，雄性胞子葉や胚珠の外側に葉的器官が形成される点で被子植物の花と同じ構造である。しかし，被子植物とグネツム類は独立に進化したことがわかっているので，似た形態が独立に進化した平行進化の例である。胚珠を何層かの葉的器官で被うことによって胚珠を保護していると考えられる。

9. 被子植物の生殖器官：花

　被子植物の生殖器官は「花」と呼ばれ，雄性胞子葉と雌性胞子葉が同じシュートに形成されることが大きな特徴である。雄性胞子葉は裸子植物に似て，葉的器官に雄性胞子嚢（花粉嚢）が融合してできた雄性集合胞子嚢がむきだしで形成される。被子植物の雄性胞子葉は雄蕊（雄しべ），雄性集合胞子嚢は葯と呼ばれる。

　裸子植物の珠心（胞子嚢）は1枚の葉的器官である珠皮におおわれていた。一方，被子植物の珠心は2枚の珠皮（内珠皮と外珠皮）でおおわれている（図9-6）。化石種を含めた形態比較から裸子植物の中から被子植物が進化してきた可能性が高いこと，内珠皮の発生過程は裸子植物の

珠皮の発生過程に似ていることから，裸子植物の珠皮と被子植物の内珠皮は相同で，絶滅した裸子植物の祖先の中に胚珠をさらに1層の組織がおおう種が生じ，被子植物の祖先になったと考えられている。2枚の珠皮に加え，胚珠を形成する葉的器官（心皮）が胚珠をおおうことで雌蕊（雌しべ）を形成している。つまり，珠心（胞子囊）が内珠皮，外珠皮，心皮の3重の器官でおおわれていることになる。裸子植物の花粉は直接胚珠に取り込まれたが，被子植物の場合は，心皮の一部である柱頭に花粉が受粉し，花粉管が伸長し，胚珠へと到達．針葉樹類やグネツム類のように卵細胞と出会うと花粉管が破裂して精細胞が放出され卵細胞と受精する。

コケ植物，小葉類，シダ類では，胞子囊が胞子葉上に形成される毛や鱗片，あるいは，胞子葉の一部でおおわれ保護されている。被子植物では，胞子囊が内珠皮，外珠皮，心皮におおわれている。これら3つの器官が，他の陸上植物のどんな器官に対応するのか，あるいは，全く新規に生じた器官なのかは陸上植物進化の大きな謎として残っている。

雌蕊と雄蕊は，さらにその外側を葉的器官である花弁とガク片でおおわれる。シロイヌナズナとキンギョソウを用いた分子遺伝学的解析から，ガク片，花弁，雄蕊，雌蕊（総称して花器官と呼ぶ）はA，B，C遺伝子と呼ばれる転写制御因子として働くタンパク質をコードする3つの遺伝子群によって制御されていることがわかってきた。花原基において，Aだけが発現するとガク片，AとBが発現すると花弁，BとCが発現すると雄蕊，Cだけが発現すると雌蕊ができる。転写因子によって組織を区画化して異なった器官をつくるしくみは動物の体節形成などと同じである。A，B，C遺伝子はMADS-box遺伝子族に属し，陸上植物の進化の過程で遺伝子重複で数を増やしてきたこと，コケ植物ではより少ない数のMADS-box遺伝子が生殖器官形成とは異なった機能を持ってい

ることがわかっている．このことから，陸上植物の進化の過程でMADS-box遺伝子が遺伝子重複によって数を増やし，増えた遺伝子が新たな機能を獲得して，花が進化してきたのであろうと推定されている．

10. 花の多様化

花は陸上植物の生殖器官の中で最も多様化している．これは花粉を媒介する昆虫との共進化の結果である．昆虫によってより効率よく受粉できるような花形態が進化してきた．進化の過程でガク片，花弁，雄蕊，雌蕊の順番は保存されてきた．一方，対称性，個々の器官形態や色，特定の花器官の増加や欠失，器官内あるいは器官間の融合が多様性形成の主要因となっている．

11. まとめ

以上見てきたように，減数分裂によってできた胞子をおおうような器官の増加は，生殖細胞を乾燥から守ることにつながり，それが花の進化につながったと考えられる．さらに，胞子体上で配偶体形成を行い，受精し，胚発生を行う点は，哺乳類が母体内で胚発生を行うのに似ている．最後に触れた被子植物の花器官を形成する遺伝子はわかってきたが，他の器官，特に，胞子嚢をおおう器官がどのような遺伝子の変化によってどのように進化してきたのかは全くわかっていない．花は長い研究の歴史にもかかわらず，まだまだ謎の多い器官なのである．

参考文献

石井龍一，竹中明夫，土橋豊，岩槻邦男，矢原徹一，長谷部光泰，和田正三編『植物の百科事典』（朝倉書店，2009年）

岩瀬徹，大野啓一『写真で見る植物用語』（全国農村教育協会，2004年）

伊藤元己『植物の系統と進化（新・生命科学シリーズ）』（裳華房，2012年）

戸部博『植物自然史』（朝倉書店，1994年）

10 | 動物の発生と進化

工樂　樹洋

《目標＆ポイント》　動物のからだの形が多様なのは，その基本設計である分子プログラムが多様化してきたからである。その多様性を理解するためには，動物のからだの形成とその制御をつかさどる発生のしくみが進化の過程でどう変遷してきたかを調べるという，進化発生学的な視点が役に立つ。この章では，動物の系統関係と形態との関係を概観し，進化発生学を通して見えてきた，動物の進化と発生の関係について考察する。
《キーワード》　発生，発生プログラム，ボディプラン，*Hox*遺伝子群，遺伝子発現調節

1. 進化発生学

　たった1つの受精卵が分裂を繰り返すことにより，細胞数を増やしながら多様な器官を作り出す現象は**発生**と呼ばれる。その過程では，細胞外分泌型因子からのシグナルが細胞表面の受容体を介して核内へ伝達され，下流の遺伝子群の転写が調節されるというプロセスが数珠つなぎになって，細胞分化そして組織形成を時空間的に制御している。こういった発生現象の設計図を**発生プログラム**と呼んでいる。発生プログラムを生物種のあいだで比較することによって，さまざまな動物門の基本的な体制（**ボディプラン**）などの形態の大きな違いが進化の過程で生み出されるしくみを理解できると考えられる。このような研究分野は**進化発生学**（エヴォデヴォ）と呼ばれ，発生現象を分子レベルで詳しく調べる際に用いられることの多いマウスやショウジョウバエでの知見がその先駆

けとなった。

2. 形態の相同性

　形態の多様化のメカニズムを調べる際には，注目する形態学的特徴がどの範囲の生物種で見受けられるのか，また，それが共通祖先から由来した**相同**な特徴なのか，あるいは，収斂により別々の系統で独立に獲得された**相似**な特徴なのかを慎重に吟味する必要がある。異なる生物種のあいだで特定の形態が相同か相似かを見極める際には，骨や神経などその形態を作り上げている要素の対応関係や，それらの発生上の成り立ちの対応付けが可能であるかを調べることが助けとなる。

　相同性についての議論にたびたび登場するのが眼である。一部の刺胞動物やタコ・イカなどの軟体動物に加え節足動物なども，脊椎動物と同様に焦点の調節が可能な眼をもっている（図10-1）。機能的に共通でも形態学的には相違点が少なくないため，動物門を超えた眼の類似性は収斂によるものであると言われることが多い。これら別々の系統の生物がもつ眼がどのように進化したのかという問いはあのダーウィンをも悩ませたといわれている。

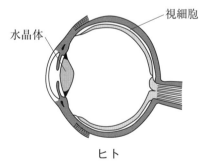
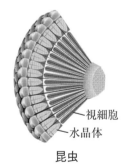

図10-1　脊椎動物の眼と無脊椎動物の眼

同様に，機能は似ているが相同でない形態の例として，鳥類の翼とチョウの翅の関係や，魚類の尾びれとクジラやイルカなどの海生哺乳類の尾びれの関係がある。海生哺乳類の尾びれは，陸に棲んでいた哺乳類が二次的に水中での生活に適応する過程で獲得されたものであり，魚類の尾びれとは進化的には起源が異なる。こういった場合には，発生過程の組織の成り立ちを比較することや，からだの内部のつくりを解剖学的に調べることによって判断するのが常套手段である。

3. 遺伝子から見る相同性

異なる生物種のあいだで外部形態などの表現型を比べる際，定量的な評価が難しく客観性を欠くことがある。それに対して近年では，分子系統学によって生物種間の対応関係を客観的に示しやすい遺伝子の共通性を頼りに相同性が議論されることが多くなった。前述した眼の形態は，その形成に関わる遺伝子の種間比較の面においても興味深い例を提供している。

眼における光受容には，**オプシン**という細胞膜貫通型タンパク質が重要な役割を果たしている。厳密には，生物種間で互いにオーソロガスな遺伝子にコードされるオプシンが同じ波長の光に反応するというわけではないうえ，生物種によって保持しているオプシンのセットも異なる。また，オプシンが感知した光の情報を伝達する経路も，動物群によって異なっている。一方，焦点を合わせるためのレンズを構成する役割をもつタンパク質は広く**クリスタリン**と呼ばれるが，生物種ごとに見ていくと，酵素など全く別の機能をもつタンパク質が転用されて，レンズをつくる構造タンパク質としての機能を果たしている事例が多く知られている。

眼の形態形成においては，転写制御因子をコードする *Pax6* という遺

伝子がその中心的な役割を果たしている。この遺伝子の節足動物のオーソログは eyeless と呼ばれ，すでに 1970 年代にショウジョウバエにおいて，複眼を形成するのに必要であることが知られていた。その証拠として，マウスの *Pax6* 遺伝子をハエの頭部に強制発現することにより複眼の形成が誘導できることも示されている。眼の形態形成に関わる遺伝子セットの共通性は，さらに広い動物群で示されており，その起源は多くの動物門の祖先が出そろう以前の時代まで遡ると考えられている。つまり，その時代に *Pax6* を含む制御遺伝子を組み合わせることにより，眼の形態をつかさどる発生プログラムがつくられ，そのプログラムが多様に分岐した動物門のそれぞれにおいて微修正を受けた結果，現存の動物に見られるような多様な形態をもつ眼が成立したと考えられる。

4. 左右相称動物の成立

これまで，形態の相同性の背後にある分子メカニズムの生物種間の対応関係について記してきた。ここからは，発生プログラムの変更がどのように動物のボディプランの多様化につながったのか，順序立てて見て

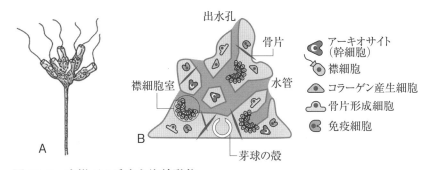

図 10-2 立襟べん毛虫と海綿動物
A. 立襟べん毛虫　B. カワカイメンなどの海綿動物の基本体制

みよう。動物進化は，運動性をもつ単細胞真核生物が多細胞体制をもつことで始まった。その起源となった単細胞生物の生き残りとして，**立襟べん毛虫**（図 10-2A）が知られている。また，多細胞化を果たした直後の動物は，現存する**海綿動物**のような体制（図 10-2B）を持っていたと考えられる。この時点では，まだ神経系や筋肉はおろか**体軸**さえもっていなかった。その後，現存の刺胞動物や有櫛動物のような，体軸を獲得した動物が出現した。それらは，**放射相称動物**と呼ばれ神経系や筋肉も備えていた。

　神経系や筋肉などという役割をもつ組織の形成を可能にしたのは，発生の過程でつくられる**胚葉**と呼ばれる細胞の集まりである。カンブリア紀に爆発的に多様化したといわれる現存の動物門の共通祖先は，内胚葉，中胚葉，外胚葉の区分をもち，体の前後および背腹の軸を確立した**左右相称動物**であったと考えられている（図 10-3）。想定される左右相称動物の共通祖先（**ウルバイラテリア**という）は，3つの胚葉から分化した

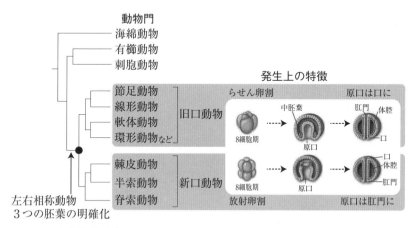

図 10-3　左右相称動物の出現と旧口動物・新口動物の比較
黒丸が本文で紹介したウルバイラテリア。この図には一部の動物門だけを含めたこと，および，それらの系統関係，とくに有櫛動物と刺胞動物の位置についてははっきりした結論が得られていないことに注意。新口動物内部の詳細な系統関係については後出の図 10-5 参照。

細胞群が，中枢神経としての脳が位置する頭部から尾部へ連なって配置されるというボディプランをすでにもっていたと考えられている。

5. 分節構造とホメオボックス遺伝子

　左右相称動物のボディプランを語るうえで，体軸に沿った繰り返し構造，すなわち**分節**に触れないわけにいかない。分節構造は，まったく別々の要素を組み合わせるのではなく，ある体の部分を使い回すことによって成り立っており，シンプルな設計のもとで高い運動能力を実現したという意味で重要である。分節がつくられるしくみは，ショウジョウバエを用いた研究によって深く理解されるようになった。

　ショウジョウバエの胚発生では，受精前の卵形成時から受け継がれた母性因子によってつくられた極性に従って，前後軸に沿った分節構造（**体節**という）が形成される（図10-4）。分節化は，ギャップ遺伝子群，ペアルール遺伝子群，セグメントポラリティー遺伝子群が秩序だって働くことにより起きる。その後，**ホメオティック遺伝子**群の働きにより，胸部第二体節には一対の翅と一対の肢を形成するというように，分節構造上の位置に従った体節の分化が起きる。このプロセスを制御するホメオティック遺伝子によってコードされるタンパク質は**ホメオドメイン**と呼ばれる DNA 結合モチーフをもつ転写制御因子である。それらをコードする遺伝子は，**アンテナペディア複合体**と**バイソラックス複合体**に分かれているものの，すべてが同じ染色体上に存在し，それらの遺伝子の発現領域は，前後軸に沿って整然と制御されている（図10-4）。ショウジョウバエでは 8 個の遺伝子が知られ，***Hox* 遺伝子群**（またはホメオボックスコンプレックス，または HOM-C）と呼ばれている。個々のホメオティック遺伝子の機能を阻害すると，例えば胸部第二体節に本来見られるはずの肢と翅が触角の位置に移動するなど，もともとの遺伝子発現領

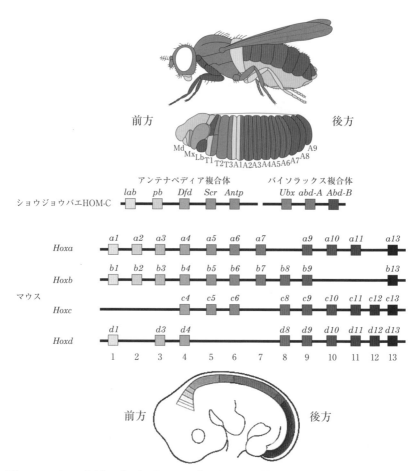

図10-4 ショウジョウバエ胚およびマウス胚の体節構造とそれに沿ったHox遺伝子発現

域から推測できるような体節分化の変換が起きる。このような現象を**ホメオティック変異**と呼んでいる。

　ショウジョウバエにおけるこれらの知見は1980年前後にすでに得られていた。ゲノム情報の取得や遺伝子の機能欠失実験がより多くの動物で可能となった2005年以降，ショウジョウバエ以外の節足動物だけでなく，環形動物など他の旧口動物や放射相称動物においても *Hox* 遺伝子の発現パターンとそれらのゲノム上の配置についての比較解析が行われた。その結果，分節をもつ動物のあいだで *Hox* 遺伝子群が共通の役割を果たしていることが示され，左右相称動物の共通祖先が，ゲノム上に5個ほどの *Hox* 遺伝子が連なったクラスター構造の祖形をもっていたこと，そして，その段階で *Hox* 遺伝子群などによる分節構造の形成メカニズムがすでにある程度確立されていたという説が有力となった。

6. 脊椎動物の出現

　脊索動物門の1つの系統である脊椎動物の出現までには，カンブリア爆発のあと，さらに数千万年待たなくてはならなかった。ここまで説明してきた左右相称性をもつ無脊椎動物は，**旧口動物**（先口動物）と**新口動物**（後口動物）に分けることができ，脊索動物は後者から派生したものである（図10-3）。旧口動物では，発生初期の卵割がらせん状に起きて**原口**がそのまま口となるが，新口動物では，卵割が放射状に起きて原口が肛門となるという大きな違いがある（図10-3）。

　新口動物の進化のプロセスは，脊椎動物の起源を探るうえでとくに重要である。新口動物の中でも，ウニ・ヒトデなどの棘皮動物門とギボシムシなどの半索動物門は，他の現存の動物に対して互いに近縁であり，これらは合わせて**水腔動物**と呼ばれている（図10-5）。ギボシムシが**鰓裂**をもっていることから，新口動物の共通祖先の段階で，鰓裂などの咽

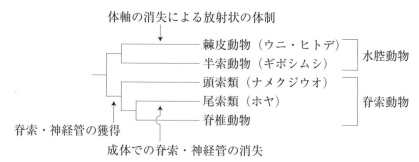

図 10-5　旧口動物と新口動物
図 10-3 の新口動物の系統の内部を詳しく示したもの。

頭部の形態がある程度確立されていたと推測される。一方，脊索動物の系統では，頭索類**ナメクジウオ**の系統，そしてホヤなどの尾索類の系統が順に分岐した（図 10-5）。脊索動物の共通祖先では，その名のとおり，前後軸に沿った棒状の構造である中胚葉由来の脊索や神経管，そして脊椎動物の甲状腺と相同とされる内胚葉性の内柱が確立されていたと考えられている。

　尾索類は，ホヤに見られるように，幼生期には神経管や脊索を持ちオタマジャクシのように浮遊することができるが，成体は脊索や神経管をもたず，固着生活をするのが基本型と考えられている。また，ホヤなどの尾索類では，*Hox* 遺伝子のゲノム上の配置が分断されていて，ゲノム構成の面でも独特である。ハエで見られるような前後軸に沿った特定のパターンを示さない。一方ナメクジウオは，一生にわたって浮遊生活を行い，脊椎動物並みに数を増やした *Hox* 遺伝子の制御のもとに確立された分節構造をもっている（図 10-6）。このことから，脊椎動物に最も近縁な生物は，ナメクジウオであると長らく考えられていた。しかし，ゲノムワイドな DNA 配列情報に基づく大規模分子系統解析により，現存

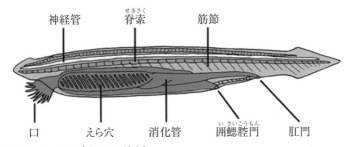

図 10-6　ナメクジウオの体制

の生物の中では，尾索類が脊椎動物に最も近縁な無脊椎動物であることが示された（図 10-5）。このことから，生活史を通して脊索や神経管をもつという，脊椎動物と頭索類のあいだで共有していて尾索類に見られない特徴は，尾索類の系統で独自に失われたと考えるのが妥当である。

　脊椎動物の骨格は化石として残りやすいために，その起源を考えるうえでは絶滅種の情報が役に立つ。カンブリア紀から三畳紀の時代，背骨が支える細長い体と体表に甲冑のような外骨格をもつさまざまな形態の動物が存在したことが化石から知られている。上下に関節した顎をまだもっていなかったこれらの生物（**無顎類**）のうち，現在まで生き残って

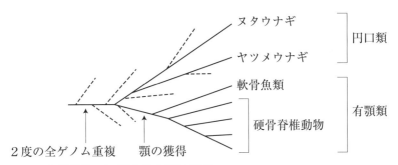

図 10-7　脊椎動物の初期進化と顎の獲得
図 10-5 の脊椎動物の系統の内部を詳しく示したもの。点線で表したのは，後に絶滅した系統であり，これらすべてと円口類をまとめて無顎類と呼ぶ。

いるのが，ヌタウナギ類とヤツメウナギ類であり，これらはまとめて**円口類**と呼ばれている（図10-7）。やがて，無顎類の1つの系統からは，顎を獲得するとともに中枢神経系を高度化させた結果，高い捕食能力を持つ生物が現れた。その子孫が，現存の脊椎動物の多様性の大部分を占めている**有顎類**である。有顎類は，サメ・エイ・ギンザメを含む軟骨魚類とそれ以外に分けられる。また，後者は，硬骨魚類と我々ヒトを含む四足動物に分けられる。

　脊椎動物の発生プログラムの大枠は，円口類の分岐前後に確立されたと考えられている。頭索類そして尾索類が分岐したあと，ゲノム全体の倍加が2度起きて遺伝子数が大幅に増加し，有顎類が出現する頃には，遺伝子の発現制御様式が確立されたと考えられる。ヒトをはじめとする多くの有顎脊椎動物の *Hox* 遺伝子は，ゲノムの倍化により，異なる染色体上に配置された4つのクラスターとして存在している（図10-4）。発生プログラムを構成する因子のバリエーションを増やし，それらを時間的・空間的により細かく発現させることによって，複雑な形態形成が実現されたのである。脊椎動物独特の細胞群といわれる**神経堤細胞**の分化や，上下顎そしてのちに手足になる対鰭の形成に加え，これらの器官を利用するための感覚そして運動を支配する中枢神経系の高度化が，その具体的な内容であった。

7. 形態進化のメカニズム

　動物のボディプランが多様化してきたプロセスを俯瞰してみると，単純な体制から複雑な体制への移り変わりでは説明できない事例が多く見つかる。板形動物センモウヒラムシや中生動物ニハイチュウは，その祖先がもっていた筋肉や神経を失って単純化した。一方，円口類ヌタウナギでは，その祖先がいったん確立した脊椎骨がつくられないことが知ら

れている。ウニなどの棘皮動物が放射状の体制をもっていることも，いったん確立された左右相称性が二次的に失われた結果にほかならない。こういった事例は，進化過程の再構築を行う際に，形態の単純な比較だけに頼ることの危険性を我々に訴えかけている。すなわち，分子系統学的手法に基づいて再現した生物の系統関係をもとに，特定の形質がどの系統で獲得・欠失したのか，慎重に吟味することの重要性を示しているといえる。

　発生プログラムの変更が形態進化の引き金になることは上に述べたが，それは果たして何によって引き起こされるのであろうか。天敵からの防御や変化する生育環境への適応など，生存への選択圧がその主な要因であると考えられる。初期の脊椎動物による広大な海での勢力拡大や，四足動物による陸上生活への適応，そして鳥類の飛翔能の獲得による空での生活への適応など新しいニッチェの確立はその好例である。そういった場合に，いったん確立された発生プログラムがいかに可塑的に改変できるかを示すのに，カメの祖先による甲羅の獲得や，イルカなど海生哺乳類の水棲生活への適応は，非常にわかりやすい例を提供している。これらの動物群のゲノム解析からは，それらの表現型進化が，さほど大規模なゲノムの変更を伴わずに達成されたことが示唆されており，ボディプランの変更がどのようなゲノムの変化で実現できるのかを探るうえで非常に興味深い。

8. おわりに

　動物のボディプランの多様化は，発生プログラムの改変によって実現されたものである。体軸の獲得や分節構造の確立のような基本パターンの成立の背後には，それを実現する *Hox* 遺伝子群の働きのような共通の発生制御機構があったと考えられる。いったん成立したボディプランは，

新たな生育環境への適応のために二次的な改変を受けることがある。そのような複雑な変化のプロセスを解き明かすためには，外部形態にとらわれない解剖学の立場からの分析や，分子レベルでの発生プログラムの変遷を調べることが重要である。

参考文献

ワルター・ゲーリング『ホメオボックス・ストーリー ―― 形づくりの遺伝子と発生・進化』（東京大学出版会，2002 年）
宮田　隆『眼が語る生物の進化』岩波科学ライブラリー（岩波書店，1996 年）
ピーター・ホランド『動物たちの世界 ―― 六億年の進化をたどる』科学のとびら（東京化学同人，2014 年）
倉谷　滋『動物進化形態学』（東京大学出版会，2004 年）

11 | ゲノムの進化と生物の多様化

工樂　樹洋

《目標＆ポイント》 生物進化の過程で，各生物の設計図ともいえるゲノムもまた進化してきた。突然変異や遺伝子重複だけでなく，ゲノム全体の重複や，発現調節領域の獲得や喪失，個々の遺伝子の喪失，利己的といわれることもある転移因子などのいわゆる反復配列の増幅などが進化のさまざまな段階で起きてきた。その中には生物の表現型の進化との関わりが明らかとなったものもある。ここでは実例を挙げながら，ゲノムがどう変化してきたかを概観する。
《キーワード》 遺伝子重複，ゲノム重複，遺伝子発現調節，転移因子，エピゲノム

1. ゲノムとは？

　細胞の中の核に含まれている1セットのDNA情報をまとめて**ゲノム**と呼んでいる。ゲノムはさまざまな生命現象のいわば設計図であるとともに，その情報を子孫に伝えるしくみの設計図でもある。一方，その設計図に従ってはたらいている遺伝子の情報はRNAという分子に写し取られ（**転写**という），その多くはアミノ酸の並びとして翻訳されてタンパク質となる。DNAとRNAでははたらきが大きく違うことに注意が必要である。

　個体の中のすべての細胞が1つの受精卵から由来していることから，どの細胞でも同じゲノムをもっていると思われがちであるが，体細胞分裂の過程で起きた突然変異やリンパ球細胞において多様な抗体を産生するためのDNA組換えなどの結果，同じ個体であっても，細胞レベルで

見ると，ゲノムは全く同じとはいえない．さらに，一部の線虫やヤツメウナギ，そしてギンザメなどでは，体細胞が分化していくにつれて，ゲノム DNA の一部を核から放出するという，個体の中で細胞種間のゲノム構成の多様化を引き起こすしくみがあることが知られている．

核だけではなく，細胞内の細胞小器官にも DNA が含まれることがある．多くの真核生物のミトコンドリアや光合成を行う生物の色素体がこれにあたり，それぞれミトコンドリアゲノムや色素体ゲノムと呼ばれている．このような細胞小器官が DNA をもつことは，かつて原核細胞の共生によって真核細胞の細胞小器官が成立した（第5章参照）ことから理解できるであろう．

2. ゲノムの構造

大腸菌を例にとると，そのゲノムを構成する DNA 量（**ゲノムサイズ**）は約 460 万塩基対からなり，その中に約 4200 個の遺伝子がコードされている（表 11-1）．一方，ヒトのゲノムは約 30 億個の塩基対から構成され，そこに，約 2 万個のタンパク質コード遺伝子が存在するとされている（表 11-1）．この遺伝子の総数は，タンパク質をコードする遺伝子のみに限定したものであるが，非常に短いものや他の生物にホモログが存在しない遺伝子の扱い次第で増減しうる推定値である．大腸菌など原核生物のゲノムは環状の DNA から構成されるが，真核生物は複数の染色体に分断された線状 DNA をもつ．ヒトの場合，オスは X 染色体と Y 染色体の 1 本ずつ，そしてメスは X 染色体 2 本の性染色体をもち，それに 22 対の常染色体を加えた全体（計 46 本の染色体）が，各細胞の核ゲノムの情報である．

ゲノム中には，タンパク質をコードしないが時空間特異的に転写が行われる**非コード RNA** 遺伝子に加えて，遺伝子以外の領域も大量に存在

表11-1 さまざまな生物のゲノム

生物種名	分類群	ゲノムサイズ(塩基対)	推定遺伝子数(個)[1]	染色体数(本)[2]
大腸菌	原核生物	4,639,675	4,200	—[3]
マイコプラズマ	原核生物	580,074	484	—[3]
出芽酵母	菌類	12,157,105	6,692	32
ヒト	哺乳類	3,096,649,726	20,313	46
ニワトリ	鳥類	1,046,932,099	15,508	78
メダカ	硬骨魚類	869,000,216	19,699	48
ゾウギンザメ	軟骨魚類	974,481,817	18,872	不明
ウミヤツメ	円口類	885,550,958	26,064	168
ショウジョウバエ	節足動物	143,725,995	13,918	8
イネ	陸上植物	374,424,240	35,679	24

[1] タンパク質をコードしているとされる遺伝子の数を記した。
[2] 体細胞に含まれる2倍体の染色体数を記した。
[3] 原核生物のゲノムは染色体に分かれていない。

する。遺伝子以外の領域の中には，他の制御因子が結合することにより周囲の遺伝子の発現を制御する調節領域も含まれている（図11-1）。多様な生物のゲノムを比較するにあたり，より複雑な生物ほど大きなゲノムをもつと考えるのは自然かもしれない。しかし，そういった傾向は，真核生物と原核生物との比較のようなレベルでは成り立つが，より狭い範囲の生物群の中では成り立つとはいえない（表11-1）。同様に，ゲノムDNAを物理的に格納している染色体についても，近縁種のあいだで大きく数が異なるケースがあり（表11-1），それぞれの生物種の表現型や生活様式，そして近縁性を直接反映しているとはいえない。このことは，ゲノムというものが，明確な別々の機能をもった部品の単なる寄せ集めではないことの1つの表れであり，ゲノム学の深遠かつ魅力的な側

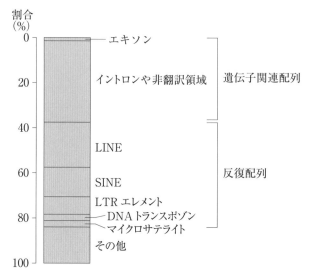

図 11-1　ヒトゲノムの主な構成要素が占める割合
各構成要素の総塩基長をヒトゲノム中の割合で示した。偽遺伝子はエキソン以外の遺伝子関連配列に含めた。

面でもある。

　遺伝子やタンパク質の配列を調べることにより進化の問いに迫る研究（**分子進化学**）のうち，主に生物の系統関係を解き明かすために行われてきたものを**分子系統学**という。こういった研究では，特に DNA 配列の同定が容易であるという理由で，ミトコンドリア DNA が利用されることが多かった。他の利点として，ミトコンドリアは卵子の細胞質に由来するため，母親由来の遺伝情報を常にもつことや，細胞あたりのコピー数が多いこと，そして，核のゲノムよりも突然変異率が高いために，近縁な生物の関係をより高い解像度で調べられることが挙げられる。一方，せいぜい 2 万塩基対にも満たない長さのミトコンドリア DNA だけでは不十分であるという場合や，より遠縁の生物の間の関係を調べたい場合

には，核ゲノム中の遺伝子が用いられる。ゲノム情報が豊富に利用できる現在では，時には数百個やそれ以上の数の遺伝子を用いて分子系統解析を行う場合もある。

3. 遺伝子レパートリの変遷

　ゲノムには遺伝子以外にもさまざまな構成要素が含まれると上に記したが，ここではまず，生物種間の比較がしやすく，さらに生物の構造をつくったり生命現象を起こしたりする主な実体であるタンパク質，そしてそれをコードする遺伝子に注目する。多様な遺伝子の中には，地球上の生命の共通祖先の時代から存在しすべての生物種に保持されているものもあれば，特定の生物群にしか保持されていない遺伝子もある。前者としては，生命活動に必須ともいえる，グルコース代謝（または解糖ともいう）経路ではたらく種々の酵素や，リボソームでの翻訳に関わるタンパク質などをコードする遺伝子がある。これらは，その基本的な役割から，**ハウスキーピング遺伝子**といわれる。一方，特定の生物群にしか保持されていない遺伝子としては，植物に特有の光合成をつかさどるカルビン－ベンソン回路ではたらく酵素（リブロース 1,5-ビスリン酸カルボキシラーゼ／オキシゲナーゼ）をコードする遺伝子や，動物に特有の細胞外分泌性シグナル伝達分子をコードする TGF-β ファミリーや Wnt ファミリーの遺伝子が挙げられる。また，脊椎動物の祖先の時点では存在しておらず，その後哺乳類の進化の過程で新たに獲得されたような遺伝子もある。総じていうと，遺伝子は，進化の過程のさまざまな時期に，またさまざまな系統で新たに獲得され，その一方で一部の遺伝子はゲノムから消えていった。

　特に，遺伝子のレパートリを生物種間で比較する場合や，ある生物が特定の遺伝子をもたないことを示す場合，ゲノム全体をくまなく調べる

ことが必要となる。多様な生物種について，こういった包括的な情報に基づく遺伝子のレパートリの精査が可能になったのは，ゲノム情報が蓄積しデータベースなどが整備されるようになった 2005 年頃より後のことである。このようにゲノム全体を調べた結果として，脊椎動物の進化の初期に神経ペプチドホルモンをコードする遺伝子が多数獲得され，それが脳の構造の複雑化とあいまって内分泌系の機能の発達につながったことや，哺乳類の進化の初期には，胎盤の獲得により卵の中で胚が育つというしくみが不必要となり，卵殻の形成に必要な遺伝子がゲノムから消失したことなどが明らかにされてきた。

遺伝子のコピーが増えるしくみ（遺伝子重複）については，第 2 章で触れた。ゲノム全体を見渡すと，遺伝子重複によって増えた遺伝子群（遺伝子ファミリー）を容易に見つけることができるが，その成り立ちはさまざまである。たとえば，前出の TGF-β ファミリーに属する数十個の遺伝子はヒトゲノム中に散在しており，その大多数は単一の遺伝子として孤立している。一方，脊椎動物において血液中の酸素運搬をつかさどるタンパク質をコードするグロビン遺伝子群は，哺乳類では α グロビンクラスターと β グロビンクラスターという 2 つのゲノム領域のそれぞれに，互いに相同な複数の遺伝子座が連なった多重遺伝子族を形成している。前述の *Hox* 遺伝子も多重遺伝子族の一種であるが，ゲノム上で *Hox* 遺伝子の連なりが成立した時期が左右相称動物の起源にまでさかのぼるのに対して，グロビン遺伝子クラスターは，それよりかなり後の時代，すなわち，羊膜類の進化の過程で成立したとされる。

4. 全ゲノム重複

遺伝子のレパートリの変更について考えるとき，最も大規模な現象として知られているのが，ゲノムそのものが倍化するという**全ゲノム重複**

である。特に植物では**倍数体化**とも呼ばれている。いわゆる種なしブドウのように，倍数化が起きた際に子孫が残せないケース（**不稔**という）もあるが，ゲノム全体が倍化した後，子孫を残し集団に固定することがあるらしい。実は，我々ヒトも，5億年以上前，すなわち脊椎動物の進化のごく初期に，2度の全ゲノム重複を経験したといわれている。*Hox* 遺伝子クラスターが多くの脊椎動物ゲノム内に4つ存在するのはこのためである（図10-4）。

　全ゲノム重複が発見される先駆けとなったのは，全ゲノム情報が得られていなかった1990年代に，哺乳類の複数の染色体のあいだで，互いにパラロガスな複数の遺伝子がよく似た順序で並んでいる領域が見つかったことである（図11-2）。つまり，祖先がもっていたあるゲノム領域が倍加した結果，そこに含まれる遺伝子群が複数のゲノム領域にばらまかれたことの痕跡であると考えられたのである。全ゲノム重複は，硬骨魚類や菌類，そしてゾウリムシの系統でも起きたことが知られており，それ以外にも陸上植物のさまざまな系統で頻発していたことが近年の農業上重要な穀物，野菜や果物のゲノム解析によって明らかとなった。

　遺伝子をはじめゲノムの構成要素すべての倍加を引き起こすという全ゲノム重複が生物の進化にどう寄与したのかと問いたくなるのは，ごく

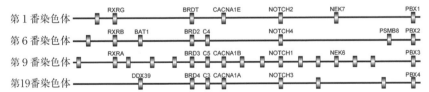

図 11-2　全ゲノム重複の痕跡
似た遺伝子の並びが，ヒトゲノム中の異なる染色体の間に見つかる。染色体全体を示しているのではない点に注意。縦に並んでいる遺伝子は互いにパラロガスであり，それらはゲノム重複によって分かれたもの。

自然なことである．しかし，古い時期に起きた全ゲノム重複は検出が困難であることや，全ゲノム重複が起きた結果絶滅した生物がどの程度いたのかわからないために，現存の生物に痕跡として見られる全ゲノム重複がどの程度まれな現象だったのかわからず，その進化上の意義についての評価は難しい．とはいえ，遺伝子重複が全ゲノム規模で起きることによって新たに得られた遺伝子は，既存の遺伝子で構成される分子プログラムの機能を増強したり，その機能を別の時期や部位で発揮させることを容易にした可能性がある．脊椎動物の祖先が全ゲノム重複を経験した後に神経系や内分泌系，そして免疫系の機能を高度に発達させたことや，硬骨魚類の一群である真骨魚類が独自の全ゲノム重複を経験した結果，脊椎動物随一の種多様性を示すことなどから，全ゲノム重複はより複雑な生命活動を可能にし，それが結果的に種の繁栄につながったと考える立場もある．

5. 反復配列

　ゲノム研究によって最も多くの新たな知見が得られたのは，反復配列についてであろう．反復配列は，**マイクロサテライト**と呼ばれるようなたった数塩基の単純な繰り返し配列から，ゲノム中に多数存在しその配列に複雑性のあるものまでさまざまである．反復配列の多くはゲノム内で転移することができ，いったん RNA に転写されたのち**逆転写酵素**によりゲノム DNA に組み込まれる**レトロトランスポゾン**と，RNA を介さない **DNA トランスポゾン**に分けられる．レトロトランスポゾンはその構造から末端に繰り返し配列をもつ **LTR エレメント**とそれ以外に分けられる．繰り返し配列を末端にもたないレトロトランスポゾンは，数千塩基に及び逆転写酵素などの遺伝子をもつ**長鎖散在性核内反復配列**（**LINE**）と 500 塩基以下と短く遺伝子をもたない**短鎖散在性核内反復配**

列（SINE）とに分けられる。ゲノム全体を調べることにより，反復配列がゲノム中に占める割合は，遺伝子よりもはるかに高く，ヒトゲノムでは約半分近くであることが明らかとなった（図11-1）。ヒトでは，その中でもLINEやSINEの割合が高いが，一般に反復配列の組成は，例えば脊椎動物の間でも，生物種ごとに大きく異なっている。

　転移因子などの反復配列は，もともとは「ジャンク」と呼ばれ，特定の機能を果たしているとは考えられていなかったが，その後の研究によって，役割が明らかになってきたものもある。例えば，全ゲノム配列解析によって多数存在することが明らかとなったLTRエレメントの一種である**内在性レトロウイルス**は，近年の研究により，哺乳類の胎盤形成を含む妊娠状態の成立に必須であることがわかった。これらの因子が，生物種のあいだの表現型の違いに何らかの形で寄与した可能性もある。

6. オミクス解析技術

　ゲノムサイズの小さな原核生物に加えて，酵母，線虫，ハエなどの実験生物，そしてヒトやニワトリなどの脊椎動物の全ゲノムシークエンスが精力的に行われたのは主に2005年頃までである。この時点では，単離したDNA鋳型を用いて蛍光標識した塩基をあらかじめ取り込ませる反応を行い，増幅したDNA分子を毛細管内で電気泳動し，蛍光を検出することにより配列を読み取る**サンガー法**（あるいは**ジデオキシ法**）が主流であった。その後の移行期を経て，2010年頃からは，次世代型とも呼ばれる超並列DNAシークエンサ（読み取り装置）がもっぱら利用されることとなった。超並列DNAシークエンサは，単離されていないDNAあるいはRNA分子群について特定の前処理を行ったあと，その全体に対して読み取り装置上で塩基を取り込む反応を多数の分子について同時に行い，その際に発せられる蛍光あるいはpHの変化を一度に検出する

表 11-2 DNA 読み取り装置の性能比較

比較項目	従来型	次世代型（超並列型）
検出法	サンガー（ジデオキシ）法	1塩基合成反応，半導体技術，1分子ナノ計測など*
読み取り配列長（塩基）	500〜1000	100塩基前後
出力配列数（ランあたり）	1〜96	数百万〜
ランあたり出力データ量(塩基)	〜約10万	約1億〜
コスト（ランあたり）	〜数万円	数十万円〜
コスト（塩基あたり）	約0.1円	約0.001円

※これらの数字はあくまでも2016年2月時点での概数である。
＊メーカーや製品によって使用されている技術が異なる。

ことにより，大量の塩基配列を取得する装置である。

　超並列DNAシークエンサの導入により大幅なコストダウンが実現し，多くの研究者が扱っているヒトや実験生物以外のさまざまな対象についても，全ゲノム配列情報を得ることが可能となった。そのおかげで，農業・畜産業・水産業において重要な生物種だけでなく，進化学的に重要な位置を占めるシーラカンスやナメクジウオ，そして海綿動物などのゲノム情報も調べられることとなった。超並列DNAシークエンサの普及によってゲノム研究の幅が広がったことは明白であるが，シークエンサの出力する配列の長さが100塩基程度であるため，長めの反復配列を多く含むゲノムの読み取りが困難となり，完成度の高いゲノム情報が得られないケースがあることも事実である。また，世界有数の解析センターで多数の専門家がデータを精査するのではなく，単独の研究室レベルで進めるプロジェクトが増えたことにより，必ずしも高品質ではないデータが出回ることが多くなったともいえる。今後ゲノム配列データを利用する際には，こういった点に注意する必要がある。

「ゲノム（genome）」という語は，もともと「遺伝子（gene）が多数集まったもの」，という意味である。同様に，細胞（あるいは細胞群）の転写産物（transcript）全体を**トランスクリプトーム（transcriptome）**，そして，翻訳される多様なタンパク質（protein）をまとめて**プロテオーム（proteome）**という。これら特定の種類の分子について，その全体を相手にするという解析アプローチは，それらの語の共通の語尾変化をとって**オミクス（omics）**と呼ばれ，超並列 DNA シークエンサによる大量データ取得によってより身近に利用されることになった。検出感度が向上した超並列シークエンサの登場は，微量な試料を用いたオミクス解析をも可能にした。例えば，発生過程の微小な胚組織の遺伝子発現を野生型と変異体のあいだで比較したり，これまで組織レベルでしか解析されていなかった細胞群を解離して，単一細胞ごとの遺伝子発現を総覧し，細胞分化の程度や方向性がどのくらい多様なのかを一細胞レベルで解析することが可能になったのである。大量データの扱いをともなうこういったアプローチを利用するには，プログラミングなどの情報科学のスキルが不可欠であり，その重要性は今後さらに増していくであろう。

7. ゲノム情報発現の高次制御

真核生物のゲノム DNA は，ヒストンと呼ばれるタンパク質の複合体に折りたたまれ，**ヌクレオソーム**という構造をつくっている。ヌクレオソームが連なってつくられる DNA とタンパク質の複合体は**クロマチン**と呼ばれ，DNA のたたみ込みが緩み，転写などが活性化している**真正クロマチン**と，堅く凝集し不活性状態の**ヘテロクロマチン**に分けられる（図 11-3）。

DNA 配列に現れない生命の記憶ともいうべき情報として近年注目を集めているのが，メチル化などの DNA 修飾や，DNA を折りたたんでい

るヒストンの修飾である。これらについての研究をまとめて**エピジェネティクス**といい，このような情報をゲノム全体についてまとめてエピゲノムという。遺伝子転写産物の網羅的な解析から多数検出されたタンパク質をコードしない転写産物（非コードRNA）がエピゲノムの一部とみなされることもある。これらのエピゲノム情報を得る際にも，上述の超並列DNAシークエンサが威力を発揮する。

　遺伝子の配列や数をはじめゲノムDNAに含まれる情報が全く同一であっても，こういった高次の情報が付け加わることによって，個々の細胞は，それぞれの役割を果たすために時間的・空間的に多様な状態を持っている。さらに，ゲノムDNAを格納している染色体の核内での配置が個々の遺伝子の制御に影響を及ぼすことも知られている。ゲノム情報と違って，遺伝子発現制御やエピゲノムの情報は，発生段階やからだの部位，そして健康状態などによって大きな差異が認められうる。ゲノムの進化について考察する際には，ゲノムDNA配列の構成や遺伝子レ

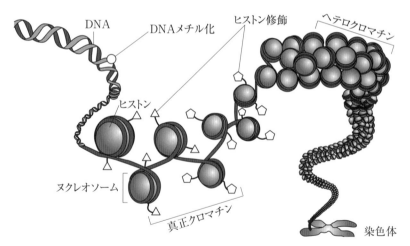

図11-3　クロマチンとエピゲノム情報

パートリだけにとらわれず，機能的アウトプットとしてこれらの高次レベルの情報の生物種間の違いも考慮に入れる必要がある．

8. おわりに

　最先端のDNA解析技術の普及により，ヒトや実験動物だけでなく多様な生物のゲノム情報を得ることが可能となった．それらの比較からは，進化の過程でそれぞれの系統が，遺伝子レパートリや反復配列などの構成について度重なる変更を受けた結果，多様なゲノムが獲得されたことが明らかとなった．それぞれの生物がもつゲノムの構成は，決して特定の方向性をもって最適化してきたものではなく，数ある安定化戦略の1つが試された結果，あるいは途中経過にすぎない．今後，遺伝子発現制御やエピジェネティクスなど，ゲノムDNA配列以外の情報も視野に入れて，表現型の進化がどのような分子レベルの変化によってもたらされたのか，詳しく調べていく必要がある．

参考文献

宮田　隆『DNAからみた生物の爆発的進化（ゲノムから進化を考える(1)）』（岩波書店，1998年）

ブラウン『ゲノム　第3版』（メディカル・サイエンス・インターナショナル，2007年）

S. オオノ『遺伝子重複による進化』（岩波書店，1977年）

12 | 寄生―その生態と進化―

深津　武馬

《目標＆ポイント》　一生を通じて，あるいは生活環のある時期に，他の生物に寄生する生物は普遍的に見られ，生態系の重要な構成要素である。そのような寄生者はしばしば，体の構造や機能に高度な特殊化や退化が見られる。一方で，宿主生物の行動，形態，生殖などを自らに都合よく改変する能力を進化させているものも多い。このような寄生に伴う生物の進化について概観する。
《キーワード》　寄生，宿主特異性，操作，延長された表現型，虫こぶ，ボルバキア

1. はじめに

　自然界において，生物は周囲の物理的な環境はもちろんのこと，他のさまざまな生物と密接な関わりをもって暮らしている。生物はすべて単独で生きているのではなく，生態系の一員である。そして生態系の中で，寄生という現象は普遍的であり，とても重要な役割を果たしている。ヒトも含めてあらゆる動物や植物が，ウイルス，細菌，真菌，原生生物，寄生虫など多種多様な他の生物に寄生され，利用されているのは周知の通りである。

　寄生という現象が生態学的に興味深い理由の1つは，寄生者にとって他の生物の体がすみかであり，食物源であり，ほとんど生息環境そのものだからである。したがって，寄生者と宿主の間には，一般にきわめて高度な相互作用が存在する。しかも，同じ空間を共有しながら，寄生者と宿主の利害はたいてい真っ向から対立しており，敵対関係にある。そ

のため寄生者と宿主の間には，だまし，あやつり，ねじふせ，搾取し，利用し，時には妥協し，協力するといった，きわめて興味深い駆け引きや，驚くべき巧妙な生存戦略が見られる。

本章では，生物界における寄生という現象，そしてそれにともなう寄生者－宿主間のさまざまな相互作用について学び，理解を深めることを目指す。

2. 寄生とは

寄生という言葉および概念は，一般によく認識されている通りである。寄生する側の生物を寄生者，寄生される側の生物を宿主もしくは寄主と呼ぶ。

寄生という言葉のイメージは「寄生虫」「病気」「気味が悪い」といった感じで，あまりよいものではない。しかし実際は，寄生関係というのは生物界において普遍的に見られ，生物間相互作用や生態系の理解に必須である。

それでは，生物学の立場から見ると，寄生という現象はどのように捉えられるのだろうか。表 12-1 は生物間相互作用という観点から見た寄生の位置づけである。相互作用している生物 A と生物 B の利害関係を示したもので，＋は利益を得る，－は害を受ける，0 はどちらでもないことを意味する。例えば A も B もどちらも得をするような関係は相利関係となるし，A も B もどちらも損をするような関係は競争関係になる。

それでは寄生関係はどうかというと，一方が利益を得て，もう一方が損失をこうむる，すなわち寄生者が得をして，宿主が損をする関係である。

表 12-1 生物間の相互作用と利害

		生物 B		
		+	−	0
生物 A	+	相利 Mutualism		
	−	寄生 Parasitism 捕食 Predation[※1]	競争 Competition 拮抗 Antagonism[※2]	
	0	片利（偏利）[※3] Commensalism	片害（偏害） Amensalism 抑制 Suppression[※4]	中立 Neutralism

※1 寄生と捕食の違いについては本文を参照。

※2 拮抗は微生物間の競争や抑制によく使われる用語。競争は単純に栄養，資源，すみかなどの取り合いのニュアンスが強く，拮抗は相手を何らかの方法で抑制するニュアンスがあるが，相互作用の本質は同様である。

※3 字面では，片利は片方だけが利益を得る，偏利は一方に利益が偏るというニュアンスがあるが，どちらも使われる。

※4 片害（偏害）は一般にはあまり使われない専門用語である。抑制は植物生態学などでよく使われ，例えば大きな樹木と下生えの草本があるとき，木は草からほとんど影響を受けないが，草は木に日照を遮られることにより一方的に不利益をこうむる抑制関係にある。

3. 寄生と捕食の共通性

さて，この表 12-1 において，寄生と同じところに捕食というのが一緒に並んで入っているが，どういうことなのだろうか？

捕食というのは，ライオンがシマウマをつかまえて食べるとか，カマキリがアゲハチョウをとらえて食べるといったイメージであり，一見し

たところ寄生とはずいぶん違った現象に思われる。ところが，それらの本質を考えると，実は捕食と寄生はとてもよく似ている。つまり，捕食―被食関係というのは，大きい生物がより小さい生物の体を栄養源として利用することであるのに対し，寄生関係というのは，小さい生物がより大きい生物の体を栄養源として利用することにほかならない。すなわち関係性の本質は同じで，当事者となる生物の大小がひっくりかえっただけである。

ノミが血を吸っている，あるいはサナダムシがおなかの中にいる，といった寄生現象だと，捕食とはまったくかけ離れてみえるが，例えば寄生バチの幼虫がアオムシの体を中から食い荒らして殺してしまうというのは，ほとんど捕食と区別できない。実際，このようなハチ類はしばしば捕食寄生バチと呼ばれることがある。

4. 寄生関係のいろいろ

寄生者と宿主の間の関係は多種多様であり，図12-1にそれらを整理した。

◎相互作用の種類による分類
　寄生 parasitism
　片利 commensalism
　中立 neutralism
　相利 mutualism

◎利用する資源の種類による分類
　栄養寄生 nutritional parasitism
　捕食寄生 parasitoidism
　労働寄生 kleptoparasitism
　社会寄生 social parasitism

◎相互作用の必須性による分類
　絶対寄生 obligatory parasitism
　任意寄生 facultative parasitism

◎寄生部位による分類
　外部寄生 ectoparasitism
　腸内寄生 gut parasitism
　内部寄生 endoparasitism
　細胞内寄生 endocellular parasitism

◎感染様式による分類
　水平感染 horizontal infection
　垂直感染 vertical infection

図12-1　寄生の分類

まず，相互作用の種類によると，典型的な寄生関係が基本であるが，環境条件などによっては，寄生される方がほとんど悪影響を受けない片利関係，さらには状況によって関係性が中立になったり，相利的になったりする場合も少なくない。例えば，日和見病原体と呼ばれる一群の微生物がいる。ヒトの体内に常在して普段は特に悪さをしない片利的な微生物であるが，体力や免疫力の低下により寄生的にふるまうようになり，病原体として重篤な症状を引き起こす。一般に生物間の関係というのは，環境条件や状況によってダイナミックに変化するものであり，図12-1のような分類というのはあくまでも便宜的なもので，しばしば中間段階や移行状態が見られることに留意されたい。

相互作用の必須性によると，寄生状態でしか生きていけないものを絶

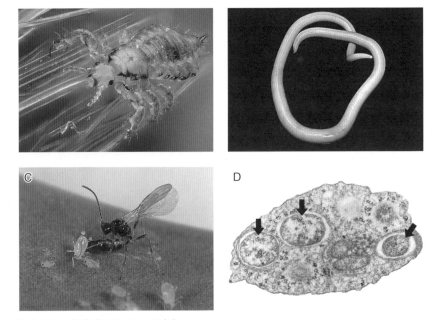

図 12-2　寄生者のいろいろ(1)
A：外部寄生する吸血性のヒトジラミ。B：ヒトの腸内に寄生するカイチュウ。
C：アブラムシの捕食寄生者であるアブラバチ（写真：ユニフォトプレス）。
D：昆虫類の細胞内寄生細菌ボルバキア（矢印）。

対寄生，寄生状態でも自由生活でも生きていけるものを任意寄生ということがある。

　寄生する部位については，宿主の体の外部に寄生するのが外部寄生であり，ノミやシラミ（図12-2A）などの吸血昆虫や，水虫をおこす白癬菌などの外部寄生菌が典型的な例である。宿主の消化管の中に寄生するのが腸内寄生であり，サナダムシやカイチュウ（図12-2B）などの寄生虫，そして大腸菌などの腸内微生物がわかりやすい例であろう。さらに体の内部まで入りこんでくるのが内部寄生であり，肝臓の中に寄生する肝吸虫や，リンパ管，血管，心臓内などに寄生するフィラリア線虫，昆虫類の寄生バチや寄生バエなどがある（図12-2C）。さらには細胞の中まで入りこむ細胞内寄生がある。この場合，なにしろ細胞は小さいので寄生者は必ず微生物であり，リケッチア，クラミジア，ボルバキアなどの細胞内寄生細菌（図12-2D），インフルエンザウイルスやエイズウイルスなどのウイルスがよく知られる。ただし，これらの分類も境界は明確ではなく，例えば腸内も体内とみなせば腸内寄生は内部寄生に含まれるし，一方で口や肛門を介して外界とつながっていると考えれば外部寄生の一形態であるという見方もできる。細胞内寄生は明らかに内部寄生の一形態といえる。

　利用する資源の種類によると，寄生関係の大部分は，寄生者が生存や成長や繁殖のための栄養を宿主の体から得るという形で成立する栄養寄生である。そのような寄生者の多くは，宿主を殺さず共存して継続的に利用するが，寄生バチのように寄生者が宿主を体内から食い殺してしまうようなものを特に捕食寄生と呼ぶ。直接に宿主の体や体液を利用するのではなく，巣などの構造や貯蔵食料などの資源を利用する寄生者にもさまざまなものがいて，労働寄生（盗み寄生）と呼ばれる。ミツバチの巣に入りこんで巣材を食べてしまうハチノスツヅリガ，他の大きなクモ

が張った巣に入りこんで獲物を横取りするイソウロウグモ（図12-3A），アリの巣の中でのみ暮らすアリヅカコオロギ（図12-3B），他のオトシブミが葉をまいて作った揺籃に自分の卵を産み込むヤドカリチョッキリなど，いろいろと生態的におもしろい寄生者が存在する．有名なカッコウの托卵（図12-3C）も労働寄生の1種とみなすことができる．労働寄生の中でも特に社会性生物に特有の行動や生態を利用するものを社会寄生といい，有名な例はサムライアリで，奴隷狩りをして他種の働きアリを自分の巣に連れ帰ってあらゆる労働をさせ，自分自身では餌をとること

図 12-3 寄生者のいろいろ（2）
A：他種のクモの網上で生活するイソウロウグモ．B：アリの巣内で暮らすアリヅカコオロギ．（写真提供：島田 拓）C：オオヨシキリを養親として育つカッコウの雛．D：他種アリの蛹を狩るサムライアリ．（写真提供：原 有正）

もしない（図12-3D）。ヤドリスズメバチやチャイロスズメバチの女王は近縁他種のスズメバチの巣に，トゲアリやアメイロケアリの女王は近縁他種のアリの巣に，それぞれ入りこんで女王を殺し，巣をまるごと乗っ取って繁殖する。

　感染様式によると，多くの寄生者は特に血縁のない異なる宿主個体間での感染，すなわち水平感染によって新しい宿主を見つけるが，特に細菌，原生生物，ウィルスなどの寄生微生物においては，親から子へ感染するという垂直感染がよく見られる。

5. 寄生者 ── 宿主間の対立，共進化，特異性

　一般に寄生者と宿主の間には，はっきりとした利害対立がある。寄生者の側は宿主の体にうまくとりついて，その体や栄養を利用したい。一方，宿主の側は寄生者などにとりつかれるのは迷惑千万であり，排除したい。このような利害対立の結果として，寄生者と宿主の双方にさまざまな性質が進化する。これを寄生者と宿主の間の共進化という（図12-4）。

　宿主の方は，体内に寄生者などの異物が侵入して定着することのないように，皮膚やクチクラなどの物理的障壁，さまざまな生体防御機構や免疫機構，除去や回避のための行動などを進化させる。一方で寄生者の方は，宿主をうまく見つけて，体内に入り込み，そこで生きのびて繁殖するために，さまざまな宿主認識機構，体内侵入機構，生体防御突破機構，免疫回避機構，宿主探索および体内侵入のための特殊な行動などを進化させる。

　宿主生物の体内環境，生体防御機構，生態や生活史は種によって多様である。したがって，寄生者はどんな宿主にでも寄生できるわけではない。一般に特定の寄生生物は，特定の種類またはグループの宿主生物に寄生する。例えば，昆虫寄生菌の冬虫夏草類では，セミタケはセミの幼

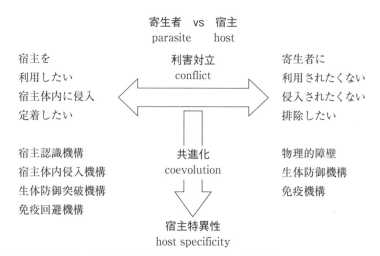

図 12-4　寄生者―宿主間の利害対立，共進化，特異性

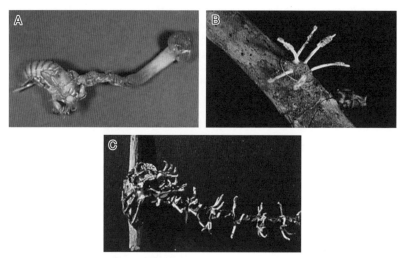

図 12-5　冬虫夏草の宿主特異性
A：セミ幼虫に寄生するオオセミタケ。B：カイガラムシに寄生するカイガラムシツブタケ。C：トンボに寄生するヤンマタケ。

虫に，ヤンマタケはトンボに，サナギタケはガの蛹や幼虫に，カイガラムシツブタケはカイガラムシに，それぞれ専門に寄生する（図 12-5）。このような関係を宿主特異性という。

6. 寄生者による宿主の操作

　このように，寄生者と宿主の間には利害対立が存在する。特に内部寄生の場合には，宿主とはまったく利害の対立する寄生者が体の中に入りこむのだから大変である。生物間相互作用で一般にいえることだが，利害の異なる生物が同じ空間にパッケージングされて運命共同体となった場合には，互いに逃げ場がないために利害対立が表面化し，そのせめぎ合いの中から，さまざまな現象が現れてくる。そのなかでも特に興味深いものとして，寄生者による宿主の操作という現象がある。寄生者の存在によって，宿主の形態，生理，行動などに巧妙な変化が起こり，その結果として寄生者の生存，繁殖，伝達などに有利になることであり，あたかも寄生者が宿主生物を自分に都合よく操っているように見える。

7. 行動の操作

　図 12-6 に示すのは，鉤頭虫（こうとうちゅう）という寄生虫とその宿主生物である。鉤頭虫の仲間は，節足動物と脊椎動物のあいだを行ったり来たりしながら寄生生活をする生活環をもつ。例えばポリモルフスという種は，ヨコエビとカモに寄生する。プラギオリンクスという種は，ダンゴムシとムクドリに寄生する。これらの鉤頭虫が生活環をまっとうするためには，ヨコエビやダンゴムシから次の宿主であるトリへと，うまく乗り移らなければならないが，興味深いことに寄生されたヨコエビやダンゴムシの行動が，トリに食べられやすくなるように変化することが知られている。

　ふつうヨコエビは池などの底にいて，危険を感じると泥の中に潜る行

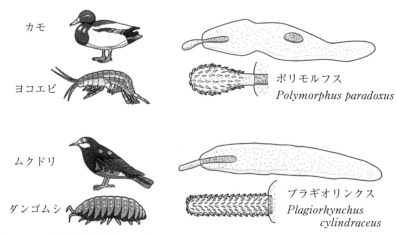

図 12-6　鉤頭虫類とその宿主

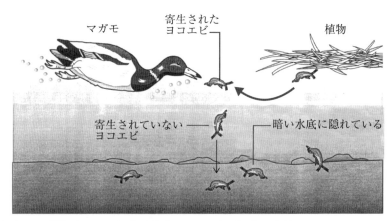

図 12-7　ポリモルフスによる宿主ヨコエビの行動の操作

動をとるが，ポリモルフスに寄生されたヨコエビは光に向かって運動するように行動が変化して，水面で活動するカモに食べられやすくなる（図12-7）。ふつうダンゴムシは石の下などの物陰に隠れているが，プラギオ

リンクスに寄生されたダンゴムシでは昼間でも明るいところに出て行くように行動が変化して，ムクドリに食べられやすくなる（図12-8）。

ハリガネムシはカマキリ，カマドウマ，キリギリス，ゴミムシなどの体内に寄生するが，生活環を全うするためには幼生がカゲロウやユスリカなどの水生昆虫に寄生しなければならない。興味深いことに，ハリガネムシが寄生したカマドウマやキリギリスは，自ら水に飛び込むように行動が変化することが知られている（図12-9）。

このような寄生者による宿主の行動操作は脊椎動物でも知られていて，たとえばトキソプラズマはネコを最終宿主とする寄生性の原生生物であるが，ネズミに感染するとネコを恐れなくなるように行動が変化することが報告されている（図12-10）。

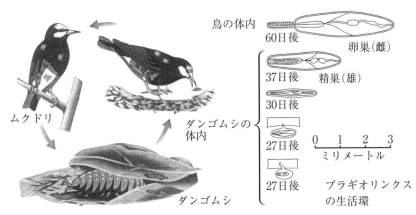

図12-8　プラギオリンクスによる宿主ダンゴムシの行動の操作

図12-9　カマドウマに寄生するハリガネムシ（撮影者：壇上幸子）

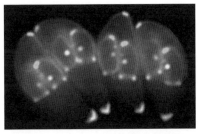

図12-10　トキソプラズマ4細胞が並んだ蛍光顕微鏡像

8. 形態の操作

　寄生者によって宿主生物の姿や形が巧妙に操られ，変えられてしまう現象がある。なかでも有名なのが虫こぶで，昆虫などが寄生することにより，植物の組織が異常に肥大成長して，独特の構造をとるものである。虫こぶのできる植物の種類，また虫こぶの形態や構造は，形成昆虫種によって厳密に決まっている。図 12-11 は近縁な 3 種のアブラムシがエゴノキにつくる虫こぶであり，内部には数百匹〜数万匹のアブラムシがすんでいて，良質の食物源および外敵から身を守るためのシェルターとなっている。同じ植物の組織からできるにもかかわらず，アブラムシの種が違うと，これほどまでに異なる複雑な形の虫こぶが再現性よく形成される。

図 12-11　アブラムシ類がエゴノキに形成する虫こぶ
(A) エゴノネコアシアブラムシのバナナ状の虫こぶ。(B) タイワンヤドリギアブラムシのサンゴ状の虫こぶ。(C) タケノウチエゴアブラムシのカリフラワー状の虫こぶ。

9. 生殖の操作

　ある種の寄生者は，宿主の性や生殖を自分の都合のいいように操る能力をもつ．特に，宿主の親から子へと垂直伝達される微生物には，非常に巧妙に宿主の生殖操作を行うものがある．ボルバキアは昆虫類の細胞内に感染する細菌で（図12-2D），雌親の体内で卵に垂直伝達される．ここで重要なのは，ボルバキアのような細胞内寄生細菌を含む細胞質遺伝因子は，雌親から子孫に伝えられ，雄親から伝達されることはない点である．宿主の核の遺伝子は両性遺伝といって，雄親と雌親から半分ずつ伝えられるが，ボルバキアは母性遺伝といって雌親からのみ次世代に伝達される（図12-12）．ということは，雄に感染したボルバキアは次の世代に伝えられず，子孫を全く残すことができない．

　そこでボルバキアは驚くべきことに，自分が宿主の次世代に伝達されるチャンスが大きくなるように，昆虫の性や生殖を操る能力を進化させ

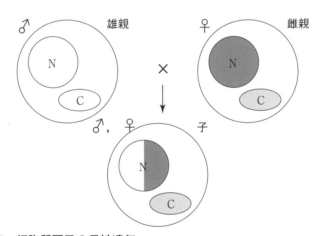

図 12-12　細胞質因子の母性遺伝
　　　　Nは核遺伝子，Cは細胞質遺伝子を示す．

てきた。タマゴヤドリコバチやダンゴムシなどでは，ボルバキアに感染すると生まれてくる子孫がすべて雌になるが，この現象はタマゴヤドリコバチではボルバキア感染で単為生殖が，ダンゴムシでは雄から雌への性転換が誘導されることにより起こる。ボルバキアの感染する宿主の子孫がすべて，自分を次世代に伝達してくれる雌になるということで，ボルバキアの生存にとって都合がよい。ショウジョウバエ，カ，ウンカ，ゾウムシなど多種多様な昆虫類では，ボルバキア感染によって細胞質不和合がおこる。これはボルバキアに感染した雄と，感染していない雌の間にできた卵が孵化しない現象である（図12-13）。その結果として，宿主昆虫の集団中において，ボルバキアに感染した雌と感染していない雌を比べると，感染していない雌はより少ない子孫しか残せないことになる。すなわち，ボルバキアが細胞質不和合を起こすことにより，宿主集団中でボルバキアに感染していない雌の割合が次第に低下し，相対的に感染雌の割合が高くなっていくという巧妙なしくみである。

このような宿主の性や生殖の操作は，ボルバキアのほかにもリケッチア，スピロプラズマ，カルディニウム，微胞子虫などのさまざまな寄生微生物において見られる。

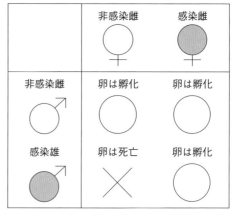

図12-13　ボルバキアによる細胞質不和合

10. ヒトに対する行動の操作

SF小説やホラー映画によくある話の筋立てに，外界から体内に侵入し

た寄生体やエイリアンが，ヒトに命令していろいろなことをさせるというものがある。ヒトの尊厳や意志が気味の悪い寄生者に操られ，蹂躙され，また自我や意識といったものの根源が揺らぐ恐ろしさがその根底にあるのであろう。

　ところが実は，お話の中だけでなく，現実に私たちも寄生者による行動の操作を受けているといったら驚かれるだろうか。ちょっと考えてみていただきたい。なぜ，伝染性の病原寄生微生物に感染すると，くしゃみ，せき，下痢のいずれか，もしくはすべてが起こるのであろうか。くしゃみ，せき，下痢などによって，寄生微生物は周囲の環境に散布されて，効率よく新しい宿主に感染できる。くしゃみを起こさなくなったインフルエンザウイルスを考えれば，そのような突然変異体が感染流行を起こさないことは容易に予想できよう。つまり伝染性の寄生微生物は，ヒトを操作してそのような行動を引き起こすように進化してきたと考えることができる。

　もちろんインフルエンザウイルスが意図的にヒトを操作してくしゃみを誘起するわけではない。くしゃみを誘起するような性質をもったウイルスがもたないウイルスよりもより効率的に感染を広げ，進化的に有利なため，そのようなウイルスがヒト集団を席巻しているということである。さらに，本来くしゃみというのは鼻道に入った異物を排除するための反応であり，せきは気道に入った異物を排除するための行動であり，下痢は消化管の中の有害なものを排出するためのしくみである。しかし，これら伝染性の寄生微生物は，そういった反応の引き金をひく手だてを進化させてきたと考えられる。例えばインフルエンザウイルスの場合，上気道の粘膜に炎症を起こすことにより，宿主であるヒトに頻繁にくしゃみをさせるという行動の操作を行う。その結果として，満員電車や人混みの中，また家族の間で，効率的に新しい宿主となるヒトに感染するこ

とができるのである。

11. 延長された表現型

　ここまで，寄生者の存在によって宿主の行動や，形態や，生殖が巧妙に操作される驚くべき現象を概観してきた。これらの操作が寄生者の存在によって起こるということから，寄生者の遺伝子によって支配される性質であると考えられる。ところが，そのような性質は寄生者自身ではなく，宿主生物の行動や，形態や，生殖といった表現型として現れる。こういった生物の表現型のことを，延長された表現型という。

　延長された表現型とは，生物の遺伝子の発現効果が，その遺伝子をもつ生物個体を超えて，外部の生物あるいは非生物まで及ぶもののことである。例えば，ミツバチが構築する複雑な社会構造や，幾何学的に完璧にデザインされた巣；クモがつくる美しい網（図 12-14A）；熱帯地方のシロアリが草原に建設する巨大な塚（図 12-14B）；寄生者が宿主に引き起こす行動や形態などの操作；サンゴによる造礁作用で新しい島が形成される過程；緑色植物や藻類などの光合成によって大気中の酸素濃度が

図 12-14　延長された表現型の例
A：クモの巣（写真提供：PIXTA）。B：シロアリの塚（© AFP/BIOSPHOTO）

高く維持されていること；などは，いずれも生物における延長された表現型の印象的な例といえる。

12. おわりに

　生物というのは，環境中で単独で生きているわけではない。他の生物や環境と相互作用し，場合によっては積極的にはたらきかけ，時には他の生物や環境を操作，改変することにより，自らの生存や生態的地位を確立していく，ダイナミックな存在である。そういった生物間相互作用について学び，考えるときに，寄生関係というのは絶好の題材を提供してくれる。

参考文献

C. ジンマー著，長野　敬訳『パラサイト・レックス―生命進化のカギは寄生生物が握っていた』（光文社，2001 年）

R. ドーキンス著，日高敏隆・岸由二訳『利己的な遺伝子』（紀伊國屋書店，2006 年）

陰山大輔『消えるオス：昆虫の性をあやつる微生物の戦略』（化学同人，2015 年）

R. M. ネシー・J. C. ウィリアムズ著，長谷川真理子・長谷川寿一・青木千里訳『病気はなぜ，あるのか：進化医学による新しい理解』（新曜者，2001 年）

R. ドーキンス『延長された表現型』（紀伊國屋書店，1987 年）

J. S. ターナー著，滋賀陽子訳，深津武馬監修『生物がつくる〈体外〉構造：延長された表現型の生理学』（みすず書房，2007 年）

13 | 内部共生がもたらす進化

深津　武馬

《目標＆ポイント》　地球上の生物は，異なる生物種であっても，お互いがさまざまな形で関わり合っている。なかでも他の生物の体内に入り込む内部共生や細胞内に入り込む細胞内共生という生物の関係は，最も密接な生物間の関係である。このような共生関係がどのように進化してきたのか，そして，共生相互作用を通じて宿主と共生体がどのように進化するのかを紹介する。
《キーワード》　内部共生，細胞内共生，相利，片利，宿主，共生体

1. はじめに

　私たちは生き物に心惹かれる。それはなぜだろうか。それはまず，私たち自身が生き物であること，そして私たちが生きているこの世界がさまざまな生き物で満ちあふれており，また私たちがそれらと深く関わり合いながら生きていること，さらになにより，それら生物が驚くほどに精妙で，美しく，興味深く，そしてめくるめくほどに多様であるからではないか。こういったことを表現するのに，近年は生物多様性という言葉がよく使われる。このような生物多様性は，いったいどのように生じてきたのであろうか。

2. 生物の多様性と共通性

　生物は驚くほどに多様である。しかしまたその一方で，驚くほどに共通でもある。このように一見するとかけ離れたように見える，多様性と共通性という異なる側面からのアプローチが生物の理解には欠かせない。

生物の多様性を理解しようという学問分野の代表が，分類学や生態学である。これまでに科学者によって記載されてきた生物の種数は150万種くらいといわれるが，間違いなくこの数字は氷山の一角にすぎない。昆虫類や微生物，熱帯地方や深海域など，まだ研究が進んでいない領域がたくさんあるからである。どんな生物がこの地球上に存在するのかを明らかにし，記載していくのが分類学の使命であり，それらの多様な生物が生態系の中でどのように存在しているのかを解明するのが生態学の役割である。

　一方，生物の共通性を理解しようという学問分野の代表が，分子生物学，生化学，あるいは近年ではゲノム科学である。一見したところ全く違って見えるさまざまな生物も，その根本はとてもよく似ている。すべての生物は細胞という単位からできている。遺伝子はDNAであり，酵素と呼ばれるタンパク質がさまざまな化学反応を触媒することによって生命活動が行われる。実は大腸菌もカブトムシもトマトもカエルもヒトも，基本的な分子レベルのしくみはほとんど同じである。

　さて，このような生物の"多様性"と"共通性"は，一見するとかけ離れたもののようにも見える。しかし実際には，同じ生物という対象の異なった側面を見ているわけで，統一的に理解することが可能なはずだし，またそうでなければならない。そこで重要になってくるのが進化という概念である。

3. 進化生物学とは

　進化という考えには，現在見られる多種多様な生物が，もともとは同一の祖先に由来しており，それが分かれ変化することによって生じてきたという含意がある。それゆえに，きわめて多様でありながら根本は共通であることが矛盾なく理解できる。生物のこのような側面に焦点を当

てた学問分野が進化生物学である。すなわち進化生物学とは，生物の進化の歴史やしくみを明らかにするのみならず，生物の多様性と共通性を統合的に理解することを目指す総合的な学問分野である。

4．現在の進化学説

　生物はどのようにして，その多様にして驚くべき巧妙な形態や構造や機能を進化させてきたのか？　このような問いに答えてくれるのが進化学説とか，一般には進化論と呼ばれる説明体系である。

　現在の進化学説の基礎となる自然選択説を最初に提示したのは，かの有名なチャールズ・ダーウィンである。現在の進化学説は，もともとダーウィンが提出した考えに，遺伝学，分子生物学などのさまざまな最新の知見をとりこみながら発展してきたもので，進化の総合説とかネオダーウィニズムなどと呼ばれる。

　ダーウィンの自然選択説のエッセンスを理解するには，たった3つのキーワード，変異，選択，遺伝を理解すればよい。変異というのは生物の性質に個体ごとに違いがあることで，例えば足の速いシマウマと足の遅いシマウマがいる，というようなことである。選択というのはその性質によって生きのびて子孫を残せる確率に違いがあることで，例えば足の速いシマウマは足の遅いシマウマよりもライオンにつかまりにくく，したがってより高い確率で生きのびて子孫を残せる，というようなことである。遺伝というのはそのような性質は多かれ少なかれ子孫に伝えられるということで，例えば足の速いシマウマの子孫はやはり足の速い傾向がある，というようなことである。

　すなわち，遺伝する変異が進化の原材料となり，それらを自然選択が取捨選択していくことにより，生物の驚くべき巧妙な形態や構造や機能がつくりあげられてきたと考えられるのである。

5. 進化の原材料である遺伝する変異の起源

　そういった適応的な進化の原材料となる遺伝する変異は，どこからやってくるのであろうか。遺伝する変異の起源には，いくつかのレベルの異なる過程がある。

　まず突然変異である。突然変異とは遺伝子 DNA に起こる変化のことで，DNA の複製エラー，化学的ストレス，放射線などさまざまな原因により生じる，最も基本的な遺伝する変異である。

　次に性というしくみがある。性とは同じ生物種の中の異なる個体，すなわち雌と雄の間で，独立に生じたさまざまな突然変異を組み合わせて，新しい性質を生み出していく過程ととらえることができる。

　さらに遺伝子水平転移や内部共生という現象がある。これらは種の壁を越えて，まったく異なる進化の途をたどってきた遺伝子や細胞を取り込むことによって，新たな機能を獲得するというダイナミックな過程である。

　本章では特に，これらの中で内部共生という進化過程について詳しく論ずることにする。

6. 共生とは

　共生というのは日常の会話の中や，あるいは社会科学の分野でもよく使われる言葉であるが，生物学の分野では，異なる生物が相互作用しながら一緒に生きている状態，という広い意味で使われることが普通である。お互いに利益になるような相利関係はもちろんのこと，片方のみが利益を得る片利関係や，寄生関係や，意義はよくわからないが一緒にいるなど，いろんな関係性を広く包含する概念である。共生とは要するに，ともに生きていることである。

表 13-1 は共生という関係性の中に含まれるさまざまな生物間相互作用について，3×3 の表に要約したものである．ここでは共生している生物 A と生物 B の相互作用を示していて，＋は利益を得る，－は害を受ける，0 はどちらでもないことを意味する．双方ともに利益を得る場合は相利関係，片方が利益を得てもう片方が害を受ける場合は寄生関係，片方が利益を得るがもう片方にはさしたる影響がない場合は片利関係，一緒にいてもお互いにさしたる影響がない場合は中立関係，という具合である．それらを包含する上位概念として共生が存在する．

このように，一口に共生といってもいろいろな関係性や相互作用がある．ただし，ここに示したのは概念を整理するための類型的な分類であることに留意いただきたい．実際には，それまで仲良く共存していたのに，食料不足になると相手を攻撃して食ってしまうなど，生物間の関係は状況に応じて柔軟かつダイナミックに変わりうるものである．

7. 内部共生とは

内部共生とは，ある生物の中に他の生物が取り込まれて共生している状態のことである．取り込まれる側の生物を共生者もしくは共生体，取

表 13-1　共生の包含する概念群

		生　物　B		
		＋	－	0
生物A	＋	相　利 Mutualism		
	－	捕　食 Predation 寄　生 Parasitism	競　争 Competition	
	0	片利（偏利） Commensalism	抑制（偏害） Suppression	中　立 Neutralism

り込む側の生物を宿主という。取り込まれる側の生物は，大きさの関係で微生物であることが多く，しばしば共生微生物と呼ばれる。内部共生は，生物の体内に他の生物がまるごと取り込まれるため，これ以上ない空間的近接性で成立する共生関係である。したがって，非常に高度な相互作用や依存関係が成立している場合が多い。共生者と宿主がほとんど一体化して，あたかも1つの生物のようになってしまったものも少なくない。

8. さまざまな内部共生関係

微生物はとても小さく，顕微鏡なしでは認識できないので気がつかないが，実は私たちの身の回りのあらゆる環境において，微生物との内部共生は普遍的に見られる。台所を走り回るゴキブリの中にも，庭先のバラの新芽に群がるアブラムシの中にも，樹上で大声を張り上げるセミの

◎相互作用の種類による分類
- 相利 mutualism
- 片利 commensalism
- 寄生 parasitism
- 中立 neutralism

◎相互作用の必須性による分類
- 絶対共生 obligatory symbiosis
- 任意共生 facultative symbiosis

◎共生機能による分類
- 消化共生 digestive symbiosis
- 栄養共生 nutritional symbiosis
- 栽培共生 cultivation symbiosis
- 防衛共生 defensive symbiosis
- 発光共生 luminescent symbiosis

◎共生部位による分類
- 外部共生 ectosymbiosis
  - 体表共生 episymbiosis
  - 外部器官共生 external organ symbiosis
- 内部共生 endosymbiosis
  - 腸内共生 gut symbiosis
  - 細胞外共生 extracellular symbiosis
  - 細胞内共生 endocellular symbiosis

◎宿主間の伝達様式による分類
- 水平伝達 horizontal transmission
  - 環境獲得 environmental acquisition
  - 同種間伝達 intraspecific transmission
  - 異種間伝達 interspecific transmission
- 垂直伝達 vertical transmission
  - 経口伝達 oral transmission
  - 卵塗布伝達 egg-smearing transmission
  - 分泌物伝達 secretion transmission
  - 卵巣伝達 ovarial transmission

図 13-1　内部共生関係の分類

中にも，それぞれに高度な生物機能を担う共生微生物が存在する．以下，内部共生関係にはどのようなものがあるかを，実際の例を挙げながら見ていくことにする（図13-1）．

9. 相互作用の種類および必須性による分類

まず，相互作用の種類によると，第12章でも述べた通り，相利，片利，寄生，中立などに分けられる．相互作用の必須性によると，共生状態でしか生きていけないものを絶対共生，共生状態でも自由生活でも生きていけるものを任意共生ということがある（図13-1）．

10. 共生機能による分類

(1) 消化共生

シロアリは集団で木材を食い荒らし，木造家屋の重大な害虫となる（図13-2A）．木材はセルロースやリグニンといった消化分解が容易でない高分子物質からできており，普通の動物が食物として利用するのは困難である．ところがシロアリは，消化管の後腸という部分が大きく発達して，その内部に多量の特殊な原生生物や細菌を共生させており（図13-2B），それらの共生微生物がシロアリの咀嚼した木質成分のうち主にセルロースを分解して，シロアリの利用できる酢酸などの栄養素に転換してくれる（図13-2C）．ウシでは反芻胃の中の微生物が，ウサギでは長大な盲腸の中の細菌が，食べた草の成分であるセルロースの分解を担っている．このような関係を消化共生という．

(2) 栄養共生

アブラムシは針のような口を植物に突き立て，その汁だけを吸って生きている（図13-3A）．植物の汁には，炭水化物はショ糖の形で豊富に

含まれるが，タンパク質および脂質はほとんど存在せず，普通の動物がそれだけを餌として生きていくことは困難である．ところがアブラムシの体内には，菌細胞と呼ばれる特別な巨大細胞がたくさんあって，その

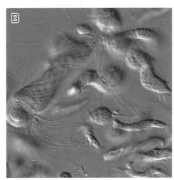
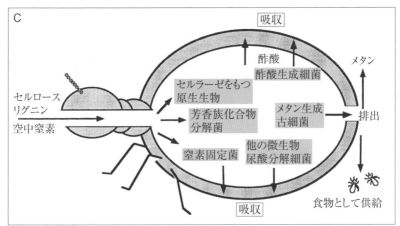

図13-2 シロアリの消化共生（写真提供：北出 理博士）
A：カンモンシロアリ．B：その後腸内の共生原生生物．C：シロアリの消化共生システム．木質中のセルロースを分解するとともに，一部の共生細菌は窒素固定も行う．

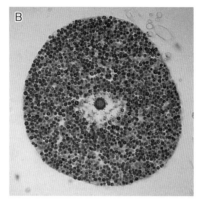
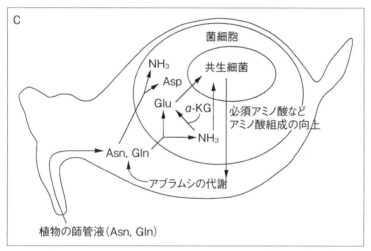

図13-3 アブラムシの栄養共生

A：エンドウヒゲナガアブラムシ。B：その菌細胞。細胞質は共生細菌で埋めつくされている。C：アブラムシの消化共生システム。植物の汁にわずかに含まれるグルタミンとアスパラギンを共生細菌が宿主のタンパク質合成に必要な必須アミノ酸に変換する。

中に無数の共生細菌をすまわせている（図13-3B）。この共生細菌が、アブラムシの生育や繁殖に必要な必須アミノ酸やビタミンを合成してくれるおかげで、アブラムシは植物の汁という栄養的に乏しい食物だけで大繁殖できるのである（図13-3C）。このような関係を栄養共生という。

(3) 栽培共生

　中南米に広く分布するハキリアリの仲間は、植物の葉を切り取って地下の巣内に運び（図13-4A）、かみ砕いてつくった基質に特殊な菌類を植え付け、この菌園上に増殖した菌体を餌とする（図13-4B）。キクイムシの仲間は枯木や衰弱木の樹皮下に穿孔して集団で暮らす森林害虫として知られる。キクイムシの硬い外骨格上には菌嚢と呼ばれる特別な凹みがあり、その内部に特殊な菌類を保持していて、樹皮下にもぐり込むと坑道の壁にこの菌を植え付け、増殖した菌体を餌とする。このような関係を栽培共生という。栄養供給を微生物に依存するという点は栄養共生と、微生物の力で植物体を分解して栄養源に変換するという点は消化共生と共通したところがある。また、ヒトの農業とも類似した生物現象といえる。

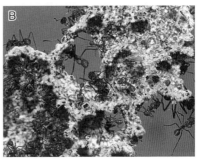

図 13-4　ハキリアリの栽培共生（写真提供：島田 拓）
A：切り取った葉を運ぶハキリアリ。B：ハキリアリの菌園。

(4) 防衛共生

アオバアリガタハネカクシ（図13-5A）は小さな甲虫で，体内にペデリンという毒物質を蓄積しており，体液がヒトの皮膚につくとミミズ腫れができて激烈に痛む（図13-5B）。外敵への防御毒物質と考えられるが，実はペデリンを合成しているのは虫自身ではなく，体内に共生している細菌であることがわかっている。寄生バチはアブラムシの重要な天敵で，体内に卵を産みつけ，幼虫が内部から食い殺してしまう。ところがアブラムシに特定の共生細菌が感染していると，産生する毒素によって寄生バチの卵や孵化幼虫が殺され，寄生が阻止されることが知られる。このような関係を防衛共生という。

(5) 発光共生

夜行性や深海性のサカナやイカには，光を発することによってコミュニケーションしたり，仲間を見つけたり，餌をとったりするものがいる。有名なホタルイカなどは自力で発光するが，多くの発光魚や発光イカで

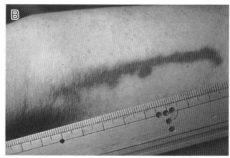

図13-5　アオバアリガタハネカクシの防衛共生
A：アオバアリガタハネカクシ。（写真：オアシス）B：その体液がヒトの皮膚に付着すると，毒物質ペデリンにより皮膚炎が起こる。（写真提供：東化研株式会社）

は，発光のための特別な共生器官（共生発光器官と呼ぶ）をもち，その中に光を発する発光細菌を海水中から取り込んで選択的に培養し，その光を利用している．このような関係を発光共生という．発光魚の共生発光器官は，ちょうど車のヘッドライトのように，頭の前方，眼の下あたりに付いている場合が多い（図 13-6A, B）．光でコミュニケーションをとるためには，光を自由自在につけたり消したりできたほうがよい．興味深いことに，これらの発光魚では共生発光器官の前にシャッターを発達させたり，あるいは共生発光器官自体をぐるりと反転させるしくみを発達させて，発光細菌のつくりだす光を自在に明滅させることができる（図 13-6C）．サカナと共生細菌の間の共進化の非常に印象的な例といえる．

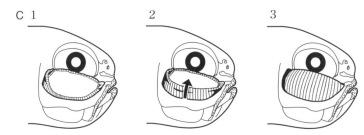

図 13-6　オオヒカリキンメダイの発光共生（画像提供：備後弘子）
A：オオヒカリキンメダイ．B：暗所では目の下の共生発光器官が強い光を発する．
C：発光器官の点滅機構．

11. 共生部位による分類

　共生部位によると，まず外部共生と内部共生に分けられる。外部共生には，体表にそのまま微生物が付着しているような体表共生や，前述のキクイムシや発光魚のような外部器官共生がある。内部共生はさらに細胞外共生と細胞内共生にわけられる。腸内共生は内部共生の1種と見なされることが多いが，腸内は口と肛門で外界につながっていると考えれば，外部共生の1種という見方もできる（図13-1）。

12. 宿主間の伝達様式による分類

　共生微生物の伝達様式によると，まず親から子へ受け渡されるのではない水平伝達がある。マメ科植物は毎世代，芽生えの根が土壌環境中の根粒細菌に感染する。ミミイカは毎世代，卵から孵化した幼生の共生発光器官が，周囲の海水から発光細菌を取り込んで感染する。これらは共生微生物の環境獲得の有名な例である。他の生物個体由来の共生微生物に水平感染する場合には，同種間伝達と異種間伝達がある（図13-1）。

　しかし前述のように，多くの共生微生物は宿主にとって重要な生物機能をはたしており，したがって共生微生物と宿主の結びつきは強く，少なからぬ場合において宿主は親から子へと確実に共生微生物を垂直伝達するためのさまざまなしくみを発達させている（図13-1）。

(1) 経口伝達

　例えばシロアリでは，他の個体が肛門から出した共生微生物の含まれた液体を，他の個体が口から摂取することで共生微生物の感染が成立する。この行動を肛門食と呼ぶが，共生微生物の経口伝達の1つの様式である。

(2) 卵塗布伝達

　シバンムシ（図13-7A）という小さな甲虫は食品害虫として問題となるが，雌の産卵管の基部に一対の細長い袋状の盲嚢があり，その中には酵母様の共生微生物を含む粘液がつまっており，産卵の際に卵表面に塗布される（図13-7B）。そして幼虫が卵殻を食い破って孵化するときに共生微生物の感染が成立する。チャバネアオカメムシの雌（図13-8A）は卵塊を産むときにやはり卵表面に共生細菌入りの分泌物を塗布し，孵化幼虫はただちに口吻で卵表面を探るような行動をとって共生細菌を摂取する（図13-8B）。このような共生微生物の卵塗布伝達はさまざまな昆虫類で見られる。

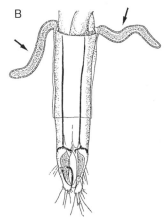

図13-7　シバンムシの共生菌伝達器官
A：シバンムシ。（写真：オアシス）B：雌成虫の産卵管の基部には酵母様の共生菌入りの粘液がつまった1対の盲嚢（矢印）が存在する。

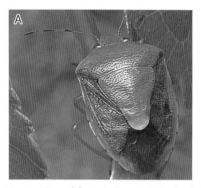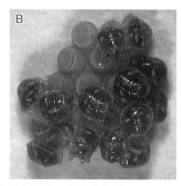

図 13-8　チャバネアオカメムシにおける共生細菌の卵塗布伝達
A：チャバネアオカメムシ。B：孵化直後の1令幼虫は卵殻の表面を口吻でかきとるような行動を繰り返して共生細菌を獲得する。

(3)　**分泌物伝達**

　マルカメムシの雌は卵を産むときに，そのすぐ横に共生細菌のつまった褐色のカプセルを一緒に産みつける（図13-9A）。孵化した幼虫はカプセルに口吻を突き立てて，生存に必須な共生細菌を摂取する（図13-9B）。クヌギカメムシの雌は晩秋の樹幹に多量の共生細菌入りのゼリー

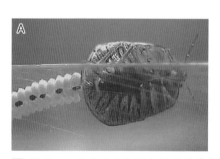

図 13-9　マルカメムシにおける共生細菌のカプセル伝達
A：産卵中のマルカメムシ。2列に並んだ卵の間に褐色の共生細菌カプセルが見える。B：共生細菌カプセルを吸う孵化直後の1令幼虫。

図 13-10　クヌギカメムシにおける共生細菌のゼリー伝達
A：樹皮上で産卵中のクヌギカメムシ雌成虫。B：ゼリー状物質に包まれた卵塊。3本の呼吸管がゼリー層より突き出しているのが見える。C：ゼリーを摂食してまるまる太ったクヌギカメムシ幼虫。

で覆われた卵塊を産みつける（図13-10A，B）。卵は真冬に孵化し，天敵のいない厳冬期にゼリーのみを餌として，共生細菌を獲得し，春には3令幼虫まで成長する（図13-10C）。このような高度に特殊化した共生微生物の分泌物伝達は，卵塗布伝達の特殊な形態とみなすこともできる。

(4) **卵巣伝達**

さらに高度な垂直伝達のしくみは，例えばアブラムシの細胞内共生細

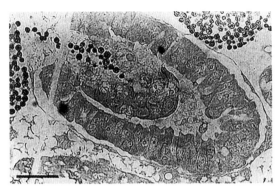

図13-11　アブラムシ細胞内共生細菌の卵巣感染

菌で見られる。図13-11はアブラムシ雌成虫の卵巣の中の，ごく小さな胚の顕微鏡写真である。親の菌細胞から胚の後端へ，共生細菌が感染していく様子がとらえられている。こうなると，もはや共生細菌の感染はアブラムシの正常な発生過程に組み込まれ，両者は発生学的にも遺伝学的にもほとんど一体化している。このような垂直感染の様式を卵巣伝達と呼ぶ。

13. 生物進化における内部共生の重要性

　さまざまな生物の体内を注意深く見ていくと，自然界のいたるところに，興味深い微生物との共生関係が存在することがわかる。私たちヒトの腸の中にも無数の腸内細菌がいて，ビタミンなどの栄養を供給したり，免疫系の発達に関わったり，肥満や健康に無視できない影響を与えていることが近年の研究から明らかになってきた。なぜ内部共生関係は，このように自然界で普遍的に見られるのだろうか。

　その理由は，生物進化において内部共生が重要な意義を有するからではないかと思われる。微生物と内部共生関係を結ぶことにより，生物は

微生物のもつ特殊かつ効率のよい機能をまるごと取り込むことができ，その結果として，単独では利用不可能な食物や環境を利用できるようになる。

　例えばこれまで紹介してきた昆虫の例でいうと，シロアリは腸内微生物との共生により，普通の動物には消化が困難な木材を食物として利用できるようになり，アブラムシは細胞内共生細菌との共生により，栄養的に乏しい植物の汁液のみに依存して生きていけるようになる。そのほかにも，ツェツェバエやシラミでは細胞内共生細菌が餌の血液に欠乏しているビタミンB群を合成し，ウンカでは細胞内共生真菌が昆虫ホルモンの原料となるステロールを供給するなど，そのような例は枚挙にいとまがない。

　もちろん，共生微生物によって新たな生物機能を獲得するという現象は，昆虫類に限らず生物界に広く見られる。例えばマメ科植物は，根に根粒と呼ばれるこぶのような構造をつくって，その中に根粒細菌を共生させる（図13-12）。根粒細菌は空気中の窒素ガスを固定して有機窒素をつくりだす能力をもっており，そのためにマメ科植物は窒素分の乏しいやせた土壌でもよく生育することができる。

図13-12　マメの根につく根粒（ダイズ）

図13-13　ハオリムシ

熱水噴出口とは，海底から熱い海水が涌出している場所のことであるが，そこにはハオリムシ（チューブワームともいう）という奇妙な生物が生息している（図13-13）。ハオリムシは体長が数十センチメートルから1メートルくらいとかなりの大きさで，海底に棲管をつくってその中に入っているが，驚くべきことに口も肛門もない。体幹部の細胞内に化学合成細菌という特殊な細菌を大量に共生させていて，この化学合成細菌が熱水中に豊富に含まれる硫化水素から物質やエネルギーをつくりだし，それらを利用して生きている。硫化水素というのは普通の動物にとっては有毒であるが，ハオリムシは共生細菌の力を借りて，そのような物質を利用して生きていくすべを開拓するのに成功したのである。

14. おわりに

　本章では，生物の進化とは何か，共生とはどのような概念か，内部共生とはどのような現象か，などについて概観してきた。多種多様な生物は決して単独で生きているのではなく，さまざまな他の生物との関わりの中でそれぞれの生態的地位を確立している，ということをしっかり心に留めることにより，生物多様性や生態系に対する私たちの理解はより深まるに違いない。

参考文献

石川　統『昆虫を操るバクテリア』(平凡社, 1994 年)

C. ジンマー著, 長谷川真理子訳『進化—生命のたどる道』(岩波書店, 2012 年)

松本忠夫・長谷川真理子編『生態と環境』(培風館, 2007 年)

深津武馬・市野川容孝著, 鈴木晃仁編『【対話】共生：生命の教養学Ⅷ』(慶應義塾大学出版会, 2013 年)

深津武馬他「共に生きる昆虫と微生物——運命共同体となる仕組み」「生物の科学　遺伝」1 月号, p19-79 (エヌ・ティー・エス, 2011 年)

長谷部光泰編『進化の謎をゲノムで解く』(学研メディカル秀潤社, 2015 年)

14 | 性と進化

二河　成男

《目標＆ポイント》　性というシステムは，遺伝的な多様性を生み出す点で，有効なしくみである。動物や植物に見られる遺伝的な多様性も，配偶子（精子や卵子など）の形成時の染色体の分配時に生み出される。また，性があることによって，遺伝子や染色体，あるいは生物自体の進化も，強く影響を受けている場合がある。このような性と多様性，そして，性と進化についてみていこう。
《キーワード》　有性生殖，無性生殖，減数分裂，性染色体，組換え

1. 有性生殖と無性生殖

　生物の特徴の１つは，自身と同じあるいは，似た個体を生み出すことにある。これを生殖という。生殖のしくみは，大きく２つに分けられる。**無性生殖**と**有性生殖**である。無性生殖では，１つの個体が単独で自身のもつ遺伝情報と同一の個体を形成する。一方，有性生殖は，異なる性の生殖器官や細胞で生じた配偶子が受精することによって，新たな個体が生じる。したがって，無性生殖では生殖を繰り返しても，新たな突然変異が生じないならば，基本的に多様性を生じない。一方，有性生殖なら，遺伝的に異なる個体に由来する配偶子（精子と卵子）が受精すれば，新たな個体はその配偶子を形成した両親個体のどちらとも遺伝情報が異なる個体（子）が生じる。私たちヒトなどはその典型であろう。両親は必ず異なる個体であり，そこから生じる子は親とは遺伝的に異なる。一方，有性生殖でも植物などでは，１つの個体で雌雄の生殖器官（雄しべと雌しべ）をつくることができる。この場合は，同一個体に由来する配偶子

の受精によって次世代が生じるため，遺伝的な多様性は生まれない。ただし，配偶子の形成時に生じる遺伝的な多様性や（下記参照），一部の受精は他個体の配偶子に由来する可能性がある点では，親とは異なる遺伝情報をもつ子もいるため，有性生殖の利点を享受できる。

　無性生殖を行う生物でも，ある種の性と似たしくみをもち，異なる性の個体と部分的に結合して，遺伝情報の一部を置き換えるものもいる。大腸菌も接合という方法によって，異なる個体と遺伝情報の受け渡しをすることがある。このような配偶子やその受精といったしくみを介さずに遺伝情報を交換し，遺伝的に異なる個体を生み出すしくみは，生物界に広く存在する。このようなものも含めて，有性生殖と考える場合もあるが，ここでは配偶子を形成する有性生殖を中心に話を進めていく。

2. 有性生殖により創出される多様性

(1) 遺伝的に多様な配偶子の形成

　有性生殖の利点は，遺伝情報の多様な組み合わせをつくり出すことにある。その1つは，**染色体分配の偶然性**というものである。細胞は，各々の親由来の合計2組の染色体をもつ。そして，各染色体には異なる親由来の対となる染色体がある。一方，配偶子が形成される際には減数分裂という特別な方法で細胞が分裂する。この減数分裂時には，各配偶子には対となる染色体のどちらかが分配される。ただし，対となる染色体ごとにどちらの親由来の染色体が分配されるかは，偶然によって決まっている（図14-1）。したがって，染色体の数が多ければ，さまざまな組み合わせの染色体をもつ配偶子が形成される。その結果，同じ親由来であっても遺伝的に多様な配偶子が生じる。減数分裂ではもう1つ，相同染色体間の交差が起こる（図14-1）。これは，父親由来の染色体と母親由来の染色体が部分的に置き換わることによって生じる。これによって

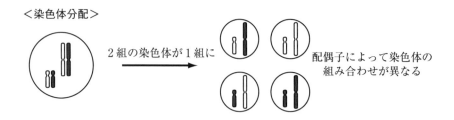

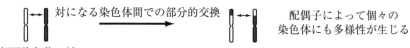

図 14-1 減数分裂時に生じる遺伝的多様性
上：染色体分配の偶然性，下：染色体の交差（遺伝的組換え）

も，遺伝情報の多様性が創出される。

このようなしくみによって，同じ個体の配偶子であっても，異なる遺伝情報をもつものがつくられる。そして，異なる個体由来の配偶子と受精することによって，多様な遺伝情報が創出される。このように，減数分裂を伴う有性生殖では，遺伝的に多様な組み合わせをつくり出すしくみが整備されている。ただし，あまりにも多様性に偏りすぎると，でたらめなものをつくり出すことになり，生き物として機能しなくなってしまう。よって，染色体の交差などは適切な頻度で起こるように制御されていると考えられる。例えば，減数分裂は新たな突然変異を伴わなくても，元々あった変異の組み合わせを変える形で，遺伝的な多様性の形成に貢献できる。これも，突然変異の頻度を上げることなく，遺伝的な多様性を生み出すことに有効である。

(2) 自殖を防ぐしくみ

生物には，さまざまな形で**同系交配**や**自殖**を避けるしくみが備わっている。有性生殖では二倍体という細胞あたり2組分の遺伝情報をもつため，その一方の遺伝子の機能を失う突然変異が生じても，もう一方が正常な遺伝子があれば，生存や繁殖が問題なく可能なことが多い。このような変異をもつ個体が異なる個体と交配すれば，たまたま同じ遺伝子が機能を失っていない限り，生まれる子は1つは機能する遺伝子をもつことになるので，生存や繁殖が可能である。しかし，このような1つの遺伝子が機能を失った状態で，自家受粉のような生殖を行うとどうなるか。それは，単純なメンデル遺伝に従うならば，生まれる子の25%はその対をなす2つの遺伝子両方の機能を失った状態になる。よって，同系交配や自殖は，生存や繁殖の効率が低く，他殖と比較すると次世代に寄与する可能性が低い。したがって，自殖を避けるしくみが備わっている方が，子が次世代を残す確率が高い。よって，そのようなしくみが自然選択により進化すると考えられる。

例えば，花をもつ被子植物では，1つの花に雌しべと雄しべがあるものが多い。このような花をもつ植物の多くで，自家受粉（自殖）を避ける性質が発達している。その中でも遺伝的に自殖を防ぐ性質を**自家不和合性**という。自家不和合性を生み出すしくみにはいくつかあるが，よく知られているのは，鍵と鍵穴の関係にあるタンパク質を利用した方法である（図14-2）。鍵となるタンパク質は花粉でつくられ，鍵穴となるタンパク質は雌しべでつくられる。自家受粉したときは，鍵と鍵穴がうまくかみ合うため，受精に必要な花粉管（図14-8参照）が形成されない。鍵が閉じられた状態になるとも言える。一方，異なる個体（正確には異なる鍵タンパク質の遺伝子をもつ個体）の花粉が受粉したときは，鍵と鍵穴がかみ合わず，鍵が閉じられることなく，花粉管が形成され受精が

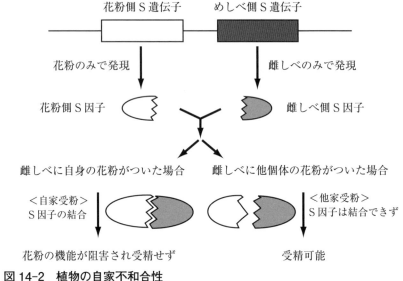
図14-2 植物の自家不和合性

起こる。

3. 有性生殖の長所と短所

　有性生殖の長所と短所を無性生殖との比較から考えてみる。短所の1つは，遺伝的に異なる2個体が次世代の形成に必要な点である。無性生殖なら1個体でも可能なので，このことに関連した有性生殖の短所がいくつか知られている。その1つは，交配にかかる負荷である。有性生殖では受精のためにさまざまな生殖器官や構造がつくられている。例えば，受粉のための昆虫を引き寄せる役割をもつ植物の花も無性生殖なら不要である。また，雄のクジャクの飾り羽のような求愛に関わる器官や行動なども同様である。そして，最も主要な短所は，遺伝情報の伝達効率が無性生殖の半分になる点である。無性生殖なら，子は親のクローンなの

で，子には親の遺伝情報すべてが伝わる。しかし，有性生殖なら，親の遺伝情報の半分しか子に伝わらない。したがって，一人の子を産む投資量が同じであれば，有性生殖の遺伝情報の伝達効率が半分になる（図14-3）。よって，これらの短所に見あう長所がなければ，有性生殖の集団に無性生殖の個体が出現すると，自然選択によって，速やかに有性生殖が集団中から失われると考えられている。

では，有性生殖の長所は何か。1つは，性質の異なる生存や繁殖に有利な変異が異なる個体に生じたとしても，有性生殖ならそれらの子孫のどこかで，交配が起これば，1個体の中にその有利な変異がまとまり，より適応した個体が生じる点である（図14-4）。無性生殖では有利な変異がまとまることはなく，同じ系統で起こった変異のみがまとまる。他の長所は，これまでも見てきたように遺伝的な多様性が創出されるため，変動する環境への適応も可能な点である。そのため，ウイルスのようなきわめて進化の速度が高い病原体に対する防御として，有性生殖は有効であると考えられている。

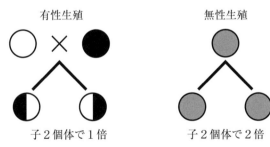

図 14-3　有性生殖の遺伝情報の伝達
1個体が産む子が同数のとき，毎世代，無性生殖は有性生殖の2倍の繁殖が可能。

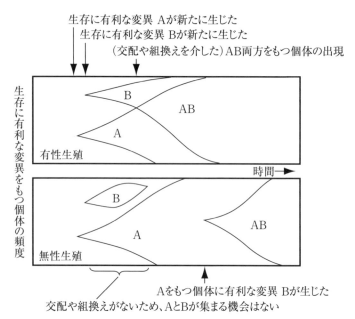

図 14-4　有性生殖と組換え

4. 性に生じる進化

(1) 性染色体の進化

有性生殖を行う生物の中でも，哺乳類や昆虫類のように遺伝的に性が決まるものでは，染色体の中に**性染色体**というものが生じる。例えばヒトの場合，細胞内には常染色体が22対44本あり，性染色体は1対2本である。対となる常染色体は，同じ遺伝子セットを保持している。一方，ヒトの性染色体は2種類あり，それぞれの染色体はX，Yと区別されている。男性ならXとY染色体を各々1本ずつ，女性ならX染色体を1対2本もつ。そして，男性を規定するY染色体の方がX染色体より，かなり小さい。これはヒトだけでなく，XYによって性が決まる，哺乳

類や昆虫類に共通している。また，カモノハシでは，性染色体が5対10本あり，各々X1Y1, X2Y2, X3Y3, X4Y4, X5Y5となる。たとえば，雄では常染色体に加えて，X1Y1, X2Y2, X3Y3, X4Y4, X5Y5をもち，雌では，X1X1, X2X2, X3X3, X4X4, X5X5となっており，ここでもY染色体が小さくなっている。一方，性染色体にはZW型というものがある。これは雄ではZ染色体を1対2本もち，雌ではZとW染色体を各々1本ずつもつというものである。この場合は，W染色体が小さい。ただし，どちらが小さいというものには，例外もあり，W染色体が大きいものもある。これは，ごく最近W染色体に何か他の染色体の一部が結合したような突然変異が起こったものであろうと考えられている。

では一体，どうして，YとWは小さくなるのであろうか。一般的に考えられているモデルをまずは説明しておこう（図14-5）。これらの染色体は元々は常染色体であり，そこに性を決める遺伝子が入り込んで性染色体となった。哺乳類であれば，SRYという雄を規定する遺伝子などがその候補である。性染色体となってしまえば，各々の性染色体，たとえば，SRYをもたない染色体（X）とSRYをもつ染色体（Y）は，自然選

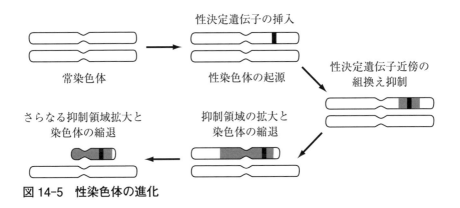

図14-5 性染色体の進化

択がはたらき，性に関わる遺伝子がさまざまな形で進化する。ポイントは，各々独立に進化していく点である。図14-5に沿って説明すると，性決定遺伝子の有無以外に染色体に違いがない間は，特に問題はない。しかし，いずれ性決定遺伝子の近傍に，その性にのみ有利な変異が生じる。それらは同じ染色体上にあれば，もう一方の性の遺伝情報となることはない。よって，性決定遺伝子の近傍の組換えを抑制する変異も，有利な変異となる。このようにして，性決定遺伝子を持つ性染色体は，もう一方の性染色体との組換えが抑制され，その範囲も広がっていく。

　組換えがなくなれば，お互いは独立に進化していくことになり，違いは増していく。さらに，XY型の場合，X同士で組換えが起こるが，Y同士で組換えは起こらない。よって，不利な変異が起こったY染色体から，それを除去する方法はない（ZW型ではW）。自然選択が有効にはたらけば，そのようなY染色体を持つ個体が次世代を残すことが困難になることによって，不利な変異は集団から除去される。しかし，現実には有効な自然選択ははたらかず，Y染色体が縮退していく。また，Y染色体は必ずX染色体と対になるので，遺伝子の喪失や染色体の部分喪失による縮退といった変異であっても，生存や繁殖に対して中立か，ほぼ中立程度になり，Y染色体が縮退していくのかもしれない。

　最終的にはY染色体はどうなるのであろうか。最低限必要な機能がある限り存続するだろうが，それらも変異にさらされ，何かの拍子に別の遺伝子で代行できたり，遺伝子そのものが別の染色体に移動するなどによって，最終的には別のしくみで性が決定されるようになる。そのときはY染色体が失われるが，性がある限りはSRYのような性を決定する因子が必要であり，その因子が入り込んだ別の染色体がまた新たなY染色体へと進化することになる。

(2) 性は2つか

　有性生殖を行う生物の多くの性は2種類である。これはどういうことだろうか。3種類かそれ以上の性を有する生物もいる。その1つが，テトラヒメナである。テトラヒメナは単細胞性の生物であり，異なる性の個体と部分的に融合し，お互いの遺伝情報を交換し，その後分かれる（図14-6）。分かれた個体は各々，それ以前のものと別の遺伝情報を有する個体であるが，個体の数が増えるわけでない。増殖自体は細胞分裂によって生じるので，無性生殖的に増殖していく。このようなテトラヒメナの有性生殖と，他の動物や植物で広く見られる有性生殖との違いは，形の異なる配偶子が形成されるか否かである。形の異なる配偶子が形成される生物の性は2つである。一方，接合や形の同じ配偶子が形成される生物は，2つの場合もあれば，3やそれ以上の場合もある。配偶子の

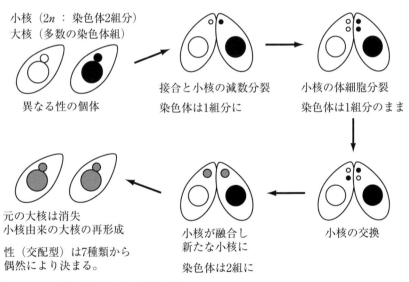

図 14-6　テトラヒメナの有性生殖

進化において，理論的には栄養タイプと，移動タイプ，このどちらかが自然選択に有利であることがわかっている（後述）。どっちつかずは生き残ることができず，2種類の配偶子が残ることになる。接合のような場合は，異なる性と出会うことが重要なので，3以上の性があっても特に問題はない。

5. 性の分化

　生物の適応的な性質の進化には，自然選択が関与していることをすでに説明した。そして，自然選択の結果，生存や繁殖に有利な変異が集団中に広まっていく。生存や繁殖に有利な変異もさまざまであるが，その中でも配偶者の確保しやすさや，交配の成功率にはたらく自然選択のことを，**性選択**という。これらは，いかに多くの配偶者を確保するか，あるいはより子孫を残す可能性が高い配偶者を確保するか，ということに有利な変異が進化する。したがって，雄あるいは雌の性質にだけはたらく変異なども進化の対象となり，雄と雌の外見や性質の違いを生み出す要因ともなっている。このような性選択によって進化した形や性質も，有性生殖ならではの進化である。

　雌雄の形態の違いといっても，生殖に関わる器官などに違いがあるのは，それは特定の機能に特化する方が効率がよいので理解しやすい。しかし，雄に見られる派手な体色や大きなツノ，体の大きさなど，繁殖という行為に直接関係のない形質（第二次性徴ともいう）が，どのようにして雌雄で異なる方向に進化したのかが1つの謎であった。

　たとえば，スズメ科のコクホウジャクという15 cm程度の鳥がアフリカにいる。この鳥の雄は繁殖期になると尾羽が50 cm以上もの長さになる（図14-7）。この尾羽が進化したしくみとして，性選択の中の**配偶者選択**が考えられる。配偶者選択といってもいくつかモデルがある。その1つ

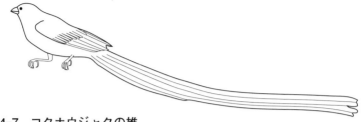

図 14-7　コクホウジャクの雄

は，長い尾羽をつくり出す雄の変異と，そのような尾羽を好む雌の変異が生じることによって，雄の長い尾羽の変異が配偶者選択において，有利な性質となり，一見，無駄に見える雄の尾羽が進化したとする説である。実際，雄は長い尾羽をもつ方が，子孫を多く残せることがわかっている。ただし，この説では，雌が気に入りさえすれば，どんな形質でも進化してしまうことになる。よって，最終的には形質の変化はある範囲に収まるのか，そうではなく変化し続けるのかは，結論が出ていない。

　コクホウジャクで説明した性的二形の雌雄の差異を生み出す進化は，動物独特の性質である。しかし，植物と動物に共通する性的な違いもある。その 1 つは，配偶子の進化である。植物も動物も 2 種類の配偶子をもつ。1 つは，移動能力に長けた配偶子である。動物なら精子，植物なら花粉である。ただし，植物の場合，正確には花粉の中の精細胞が配偶子であるが，それを卵細胞まで送り届けるには花粉全体が必要である。そして，もう 1 つの配偶子は，栄養保持と初期発生因子をもつ配偶子である。動物なら卵子，植物なら雌しべ内の胚珠である。こちらも植物の場合は，胚珠内の卵細胞が実際には配偶子であるが，その栄養は胚珠内の周囲の細胞から提供される（図 14-8）。いずれにしろ，移動性配偶子と栄養性配偶子が存在すると考えていいであろう。

　さらに移動性配偶子は，移動能力にすぐれたものをたくさんつくる方

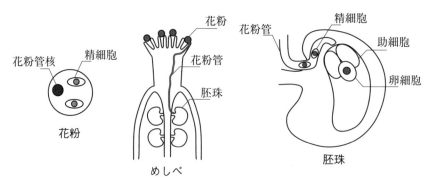

図 14-8　植物の精細胞と卵細胞

向に進化し，栄養性配偶子は，大きく，発生する際に必要なほぼすべての要素をもつように進化している。これには分断選択という，自然選択の一種がはたらいていると考えられている。配偶子が生じた当初は，同じ大きさであったと考えられる。しかし，より効率よく受精するには，数を増やす方向に選択がはたらく。一方で，数を増やすものが出てくれば，それと対になる性の配偶子は，もう数を増やす必要はない。受精できれば確実に育つように特化するのがよい。これは理論的な解釈であり，この異なる方向への進化がどう矛盾なく起こるかは，興味があるところであるが，結論は出ていない。

6. まとめ

　有性生殖と無性生殖の関係，有性生殖に見られる共通する特徴について紹介した。有性生殖は普遍的に存在するにもかかわらず，無性生殖に対してその有効性を簡単に説明することができない。利点が複数あり，その効果が現れるには，時間がかかるためであろう。性的二形については，興味深い例がたくさんあり，さまざまな文献があるので，それらを

読むのもいいであろう。

参考文献

二河成男,東　正剛『新訂　動物の科学』(放送大学教育振興会,2015年)
長谷川眞理子ら『行動・生態の進化』シリーズ進化学(6)(岩波書店,2006年)
長谷川眞理子『動物の生存戦略　行動から探る生き物の不思議』放送大学叢書(左右社,2009年)
ニコラス・H・バートンら『進化　分子・個体・生態系』(メデイカル・サイエンス・インターナショナル,2007年)

15 | 人類の進化

二河　成男

《目標&ポイント》 他の類人猿と分岐後，ヒトの祖先は独自の進化をたどって，現生人類である *Homo sapiens* となった。その進化的変遷と，ヒトに特徴的な形質の進化過程について解説する。
《キーワード》 化石人類，現生人類，アフリカ起源説，直立二足歩行，脳

1. ヒトの系統的位置

　私たちヒト（*Homo sapiens*）の祖先は，チンパンジーとの共通祖先から分岐後，現生人類への進化の道筋を歩んできた。このような表現になるのは，ヒトに至る系統で，現在生き残っているのが，私たちヒトだけであることによる。もし別の系統も生き残っていれば，チンパンジーのところに，別の生物の種名が入っているかもしれない。一方，他の類人猿では，ヒトの系統とは状況が異なっている（図15-1）。類人猿の中でも，ヒトと最も近いチンパンジー属では，チンパンジー（*Pan troglodytes*）とボノボ（*Pan paniscus*）の2種がいる。さらに，チンパンジーには4つの異なる地域に暮らす集団が知られており，遺伝的にかなり異なっている。同じアフリカにすむゴリラも，ヒガシとニシの2種が各々2つの異なる地域に暮らす集団に分かれている。では，どうしてヒトではそのようなことが起こらなかったのであろうか。正確には，種の分岐は起こっていたのだが，現在まで生き残ったのが，ヒトのみのためである。よって，人類の進化の系譜を知るには，化石情報が不可欠である。

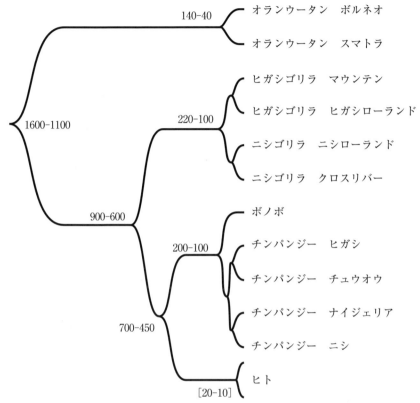

図 15-1　ヒト科現生種の系統関係と分岐年代
数字は分岐年代（単位：万年），現生人類の多様化を [ ] で示す。
分岐年代の正確な推定は難しい。ただし，順序や相対的な割合はかなり正確である。

2. 化石人類の系譜

　チンパンジー属の祖先との分岐後，ヒトの系統に含まれる過去の人類を化石人類という。その特徴から大きく3つの時代区分に分けられる。最も古い時代は，420万年前以前の化石人類である。この時代に属する

化石人類は，比較的最近，1994年から2004年の間に集中して発見され，この10年を化石人類発見の黄金期と呼ぶ人もいる。その次が250-420万年前である。この時期はアウストラロピテクスという化石人類が繁栄した時期に相当する。そして，250万年前から現在までである（図15-2）。この時期はホモ属の化石人類が繁栄した時期である。

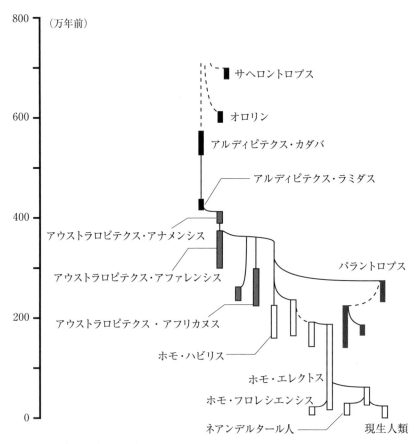

図15-2　化石人類と現生人類との関係
主なものの名称を記した。黒：初期の化石人類，灰色枠有：アウストラロピテクス属，灰色枠無：パラントロプス属，白枠：ホモ属
Strait ら *Handbook of Paleoanthropology*（Springer，2015年）より

(1) 最古の人類

　420万年以前の化石人類の多くは，東アフリカ地域から発見される。したがって，その付近に暮らしていたと考えられている。発見された化石が化石人類かどうかを判別するには，以下の2点が重要である。1つは直立二足歩行であり，もう1つは縮小した犬歯である。直立二足歩行を行っていたかどうかを確認するためには，脚部の骨を検証する必要がある。犬歯はその化石があればよい。この基準によると，現在最も古い化石人類の可能性があるのは，サヘロントロプス（*Sahelanthropus tchadensis*）である。チャドで発見された。700万年前のものと推定されている。ただし，歯を含む頭部の骨は発見されているが，脚部などの他の部分の骨は発見されていない。よって，犬歯の形状は人類であることを示しているが，直立二足歩行の直接的な証拠はない。本当に人類の祖先であるかは，それらの骨の発見を待たねばならない。

　直立二足歩行と縮小した犬歯が確認されている最も古い化石人類は，600万年前に生きていたと推定されているオロリン（*Orrorin tugenensis*）である。大腿骨や歯が発見されている。また，オロリンより少し新しく560万年前に生きていた化石人類として，アルディピテクス・カダバ（*Ardipithecus kadabba*）が知られている。こちらも歯と脚部の骨が発見されており，化石人類とされている。ただし，これらの発見されている骨は断片的であり，人類との正確な関係を評価するのは，難しい（図15-2）。

　この時代の化石人類で，その詳細が唯一明らかになっているのは，アルディピテクス・ラミダス（*Ardipithecus ramidus*）である。440万年前に生きていたと推測されている。より新しい時代の化石人類に比べると未発達なものであるが，脚部の骨には直立二足歩行の特徴があり，縮小した犬歯も見られる。ラミダスの特徴の1つは，より新しい時代の化石

人類に比べると木登りがうまかったであろうと推測されることである。よって，樹木があるところで，直立二足歩行もし，木登りもするという生活をしていたと考えられている。このことは，直立二足歩行が，どのような環境条件で進化したかを考えるうえでも，重要な発見である。

(2) アウストラロピテクス属

　200〜420万年前の時代に繁栄した人類の祖先は，アウストラロピテクスである。脚部の骨は直立二足歩行に特化した構造となり，ラミダスに見られた木登りに適した構造は見られない。さらに，現在のチンパンジーよりは，脳の容量が少し大きくなっている。最も有名な種は，アウストラロピテクス・アファレンシス（*Australopithecus afarensis*）である。同一個体からなる全身骨格に近い骨が発見されており，"ルーシー"として知られている。ルーシーはおよそ330万年前のものとその年代が推定されている。祖先種と考えられている，390–420万年前のアウストラロピテクス・アナメンシス（*Australopithecus anamensis*）の骨の特徴は，アファレンシスと類似しており，長期間あまり変化しなかったと考えられている。

　その後，270万年前ごろに，従来のアウストラロピテクスとは異なる，パラントロプス（*Paranthropus* spp.）という系統が進化した（図15-2）。この仲間は，"頑丈型"といい，臼歯や咀嚼器がよく発達していることで，アファレンシスに属する化石人類に見られる"華奢型"とは区別できる。頑丈型はその後，180万年前まで継続していたが，それより新しい年代の骨は発見されておらず，系統は途切れている。

(3) ホモ属

　そして，250万年前に最初のホモ属の化石人類が現れた。華奢型のア

ウストラロピテクスから派生したと考えられている。ホモ属の特徴は，アウストラロピテクスより脳容量が大きく，顎や歯が縮小していることである。そして，オルドワン石器という単純な石器を使い，食べ物となる動物などを解体していたと考えられている。

　そして，ホモ属の中から，ホモ・エレクトス（*Homo erectus*）が190万年前に現れた。脳の容量も大きく，体も大型化し，より現生人類に近い体型をしていたと考えられている。そして，これまでの化石人類はアフリカでしか見つかっていないが，エレクトスは，インド，インドネシア，グルジア，中国などでも化石が発見され，175万年前にはすでにユーラシア大陸へ勢力を広めていたことがわかっている。そして，アジアに移動した集団では，7万年前まで生きていたことがわかっている。そして，エレクトスから派生したフロレシエンシスは，18000年前まで生きていたとされているが証拠が不足しているとする見方もある。

　現生人類に最も近い化石人類であるネアンデルタール人は，25万年前に現れた。その生息域はヨーロッパ，中東，西アジアである。脳や体は現生人類より大きく，火を使い，文化も発達していたと考えられている。しかし，現生人類がヨーロッパにも広がった頃と前後して，絶滅した。

3. 現生人類はアフリカから世界に広がる

　今まで見てきたように，ヒトに至る系統ではその祖先がチンパンジー属の祖先と分かれてから，さまざまな分岐が起きたが，私たち以外の系統は絶えてしまっている。では，生き残った私たちはどのような経緯をたどって，現在のように，地球上に拡散したのだろうか（図15-3）。

　私たちの祖先はアフリカに暮らしていた。化石の記録から，25万年前には現生人類と同じ特徴をもった化石が発見されている。そして，10～7万年ほど前にその一部の集団がアフリカを出て，アジアに進出するこ

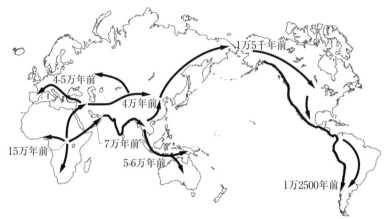

図 15-3 現生人類の拡散の歴史

とになる。これは数万年前の現生人類の生活した跡が中東近辺に知られていることと，遺伝情報を調べることによってわかってきた。ヒトの遺伝情報の中でも多くの領域は，両親由来の情報が混ざりあってしまい，時間がたつとその由来がわからなくなってくる。一方，そのように混ざらないものがある。1つはミトコンドリアの DNA にある遺伝情報である（図 15-4）。ミトコンドリアは，母親からしか伝わらない。つまり，卵子からしか伝達されない，という特徴が多くの生物で見られる。特に哺乳類では顕著である。したがって，さまざまなヒトのミトコンドリアの DNA を調べれば，各個人の母系の祖先をたどっていくことができ，どのような集団に所属していたかを推定することができる。

　その結果わかったことは，私たちヒトはアフリカを起源とするということである。これは，アフリカに暮らす現代人のミトコンドリアの遺伝情報は，いくつかのグループに分かれるが，その他の地域，ヨーロッパ，アジア，アメリカ，オセアニアに祖先が暮らしていた人々は，そのアフリカにいくつか見られたグループのうちの，ある1つのグループの中に

含まれることから明らかになった。つまり，もともと現代人の祖先は，アフリカに暮らしていて，その一部が南アジアを経由して，世界各地に広まっていったということである。ミトコンドリアは母系遺伝をするため（図15-4），現生人類のミトコンドリアから推定される共通祖先は女性になり，そのためミトコンドリア・イブといわれる。

では，父系の系統はどのように調べるか。こちらは，Y染色体を使って調べることができる。Y染色体のDNAの遺伝情報には，組換えを起こさず混ざりあわないところがある。その部分のDNAを調べると父系の祖先をたどることができる。こちらの結果も，ミトコンドリアDNAの結果と同じように，アフリカを起源とすることが明らかになっている（図15-5）。

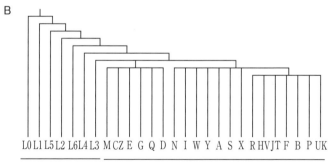

図 15-4　現生人類ミトコンドリアの遺伝様式と系統樹

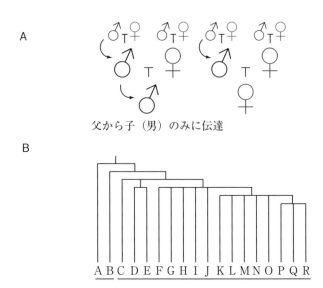

図 15-5 現生人類 Y 染色体の遺伝様式と系統樹

4. 現生人類の多様性

　では，現代のさまざまな地域で暮らす人々の，母系や父系の祖先を調べた結果，他にどのようなことがわかったであろうか。人類の生活の痕跡や遺跡から，人類がアフリカを出た後にいつごろどのようにして，地球上に広まったかが明らかになっている。一方で，ある地域の個人の遺伝情報を調べると，とても多様であることがわかってきた。例えば，日本に暮らす人々のミトコンドリア DNA を調べると，1つの型に収まるのではなく，実にさまざまなタイプからなる（図15-6）。これは，大きな集団では，もともとの型が多様であり，日本人のミトコンドリアの型という決まったものはなく，日本に暮らす人がもつミトコンドリアの型

の割合がわかるだけである。その割合の類似性から，日本に住む人々は，東アジアの人々とミトコンドリアの遺伝情報が類似しているといったことが類推できる。それに加えて，日本の中でも，地域によっては頻度の高いミトコンドリアの型が異なることもある。これは，ある型のDNAをもつミトコンドリアが集団中で増えるかどうかは，偶然の要素にも依存するため，偶然によるのか移動によるのかを判別するのは難しい。したがって，自身のミトコンドリアDNAを調べても，先祖の由来などは，わからないことが多い。

　しかし，現生人類がアフリカ由来であることがわかったように，分岐がはっきりわかることもある。例えば，日本人のミトコンドリアのタイプは，アフリカに出自をもつ人々のミトコンドリアのタイプとは異なっている。よって，アフリカの女性やその子であれば，祖先はアフリカ由来だとわかる。このように，アフリカ系，ヨーロッパ系，アジア系といった大きな違いは，条件によっては類推できる。

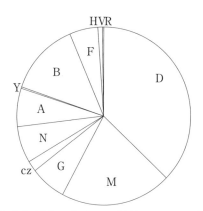

図 15-6　日本に暮らす人がもつミトコンドリア DNA の型の割合
（Tanaka *et al.* 2004 より）

また，現在では，ミトコンドリアやY染色体だけでなく，ゲノムDNAをまるごと調べることができる。これはかなり細かいことを推測できるようになっている。例えば，世界史に見られる，民族の移動が実際にDNAに反映されている例が知られている。中米のマヤの地域がスペインの植民地となり，ヨーロッパ系や北アフリカ系の人々が移入してきたこととその年代を推定できる。また，紀元前に行われたアレキサンダー大王の東方遠征の時期と一致した，遺伝情報の交流が観察される。ただし，遺伝子の交流の情報は確かだが，その原因を歴史的事実と意味づけるところは，どこまで正しいかの評価を自然科学で行うのは困難である。

5. 脳の容量の拡大

人類の進化において，さまざまなからだの構造が進化したと予想される。その1つは脳の発達である。現生人類の脳の容量は，1300cm^{3}程度である（図15-7）。チンパンジーは400cm^{3}であり，ヒトの脳がきわめて発達したものであることがわかる。脳の容量もどのように進化してきたか，頭骨の化石から推測することができる。そこから考えると250-190万年前のホモ属の出現から，急激に発達していることがわかる。アウストラロピテクスは，340-515cm^{3}であり，華奢型も頑丈型もこの範囲に入る。チンパンジーとそれほど変化はない。一方で，初期のホモ属では，600-780cm^{3}とチンパンジーからは5割増し以上である。そして，エレクトスでは，900-1150cm^{3}となり，さらにネアンデルタール人は1490cm^{3}と現生人類より大きな脳となっている。

直立二足歩行との関係では，今までもよく言われてきたように，直立二足歩行によって大きな脳も支えることができるようになったことは確かである。ただし，直立二足歩行の成立に比べると脳の大型化はかなり後に生じており，直立二足歩行ができると脳が大きくなるわけでないの

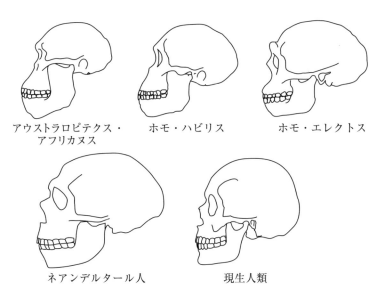

図 15-7　人類における脳の形の変遷

で，直接の原因ではない．

　では逆に脳の発達によって，どのような利点が生まれたのであろうか．脳はいくつかの部分に分かれている．その中でもヒトでは大脳（あるいは終脳ともいう）が大いに発達し，小脳はほぼ変化がない．小脳は運動などをつかさどる脳と考えられている．バランスをとったり，体を動かしたりする部分であり，その中身の質はもしかすると変化しているかもしれないが，外見的には違いがわからない．一方，大脳はヒトで大きくなっている．これに関しては，その大きくなった要因である，遺伝的な変化も明らかになっている．ただし，これはきっかけであり，この大きくなったことにより何が変わったのか，興味がもたれる．変わったところは，ヒトと類人猿の比較から見つけることができるであろう．また，ヒトでは言語に関わる部分が存在することが知られている．これも違い

の1つであろう。その他にも，変化が見られる。しかし，どれがどのような順番で起こったのか，どういう関係にあるのかはわかっていない。

6. 言語

　ヒトの特徴は，複雑な音によるコミュニケーションを行うところにある。このためには，音を出す機能と音を理解する機能が必要となる。音を出すのは，声帯である。この音を出せるのもヒト特有である。一部の鳥でもうまくヒトの声をまねることができるので，"声"でコミュニケーションをとる生物ではある程度似たしくみを利用しているのであろう。しかし，他の哺乳類にはヒトの声まねをできるような動物はいない。

　もう1つは，理解の部分である。人の声をまねる鳥たちは，その言葉の意味を理解してはいないであろう。ヒト以外の生物に対しても，さまざまな形で人は情報を伝達することができる。しかし，それらの多くはヒトの言語を理解しているとは言い難い。簡単な合図に対して，特定の動作をとることは可能である。しかし，会話をするといったことはできない。言語以外での複雑なコミュニケーションができるかもしれないが，ヒトの言語を理解しているとは言い難い。

　しかし，最近では，ネアンデルタール人も言葉を使えたのではないかと考えられている。ゲノム情報も調べられているので，話すことができたかどうかを，推定できる時が来るかもしれない。

7. まとめ

　人類の進化と多様化の歴史を見てきた。人類の歴史は，化石人類の研究が発展しており，新たな事実が日々わかってきている。それも，化石だけでなく，ネアンデルタール人では遺伝情報まで解読されている。そして，現生人類の遺伝情報の中にもわずかではあるが，ネアンデルター

ル人の遺伝情報が混入していることが確かめられている。今後も，予想もつかないことが判明していくことが期待される。

参考文献

日本進化学会編『進化学事典』（共立出版，2012 年）
Henke Winfried ら編 *Handbook of Paleoanthropology*（Springer，2015 年）
Bernard Wood『人類の進化：拡散と絶滅の歴史を探る』（丸善出版，2014 年）
Mark Jobling ら *Human Evolutionary Genetics* 第 2 版（Garland Science, 2013/7/3）
Masashi Tanaka ら 2004, *Mitochondria Genome Variation in Eeatern Asia and the Peopling of Japan*, Genome Research 14, 1832-1850
ニコラス・H・バートンら『進化　分子・個体・生態系』（メディカル・サイエンス・インターナショナル，2007 年）

索引

●配列は五十音順．＊は人名を示す．

●あ 行

アーキア　75
RNA　62, 64
RNA 酵素　67
RNA ワールド仮説　63, 66
eyeless　165
アウストラロピテクス　244
アウストラロピテクス・アファレンシス　244
アウトグループ　77
アクチン　80
アデニン　36
アフリカ　243, 246
アミノ酸　37, 50, 61
アルディピテクス　243
アルディピテクス・ラミダス　243
α グロビン　49
暗色型　32
安定同位体　20
アンテナペディア複合体　167
アンモニア　61
硫黄同位体　124
維管束形成層　141
異型胞子性　151, 156
異種間伝達　218
異所的種分化　24
イスア地方　58
一次共生　126
一次植物　127
イチョウ　142
遺伝　29, 208
遺伝子　37, 38
遺伝子重複　39, 78
遺伝子水平転移　84, 209
遺伝情報　18, 36

遺伝する変異　208
遺伝的浮動　44, 46, 47, 55
移動性配偶子　237
イワヒバ類　136, 149
ウイルス　53
ヴェルンアニマルキュラ　96
ヴェンド生物界　101
ウラシル　64
ウラン 235　20
ウラン 238　20
ウルバイラテリア　166
栄養寄生　193
栄養共生　212
栄養性配偶子　237
腋芽　143
SRY　233
X 染色体　232
X 線トモグラフィー　96
XY 型　234
エッジウッド動物相　114, 117, 118
エディアカラ化石生物群　99, 101
エピジェネティクス　186
LTR エレメント　182
塩基　36
塩基置換　39
塩基配列　36
円口類　172
延長された表現型　188, 204
黄鉄鉱　122, 123
オーキシン　130
オオシモフリエダシャク　32
雄しべ　159
オゾン層　74
オパーリン　60, 63
オプシン　164

オルガネラ　75
オルドビス紀　110, 111
オロリン　243

●か 行
外群　77
海退　116
外胚葉　89
外部器官共生　218
外部寄生　193
外部共生　218
海綿動物　166
化学合成独立栄養生物　73
化学進化　61
核　75
獲得　14
ガク片　160
化石　19
カティアン期　110, 112
仮導管細胞　136
花粉　157
花粉管　157
花粉嚢　154
花弁　160
カモノハシ　233
環境獲得　218
カンブリア紀　91, 92, 94
カンブリア紀型進化動物相　108, 109
カンブリアの大爆発　88
冠輪動物　90, 92
寒冷化　116
気孔　131
寄主　189
寄生　188, 189, 210
寄生者　189
寄生者による宿主の操作　197
木村資生＊　44

逆転写酵素　182
旧口動物　90, 92, 169
共進化　161, 195
共生　209
共生者　210
共生体　81, 206, 210
共生微生物　211
グアニン　36
偶然　47
グネツム類　142, 157, 159
クリスタリン　164
グリプトグラプタス・パースクルプタス　111
クロマチン　185
経口伝達　218
形態の操作　200
茎頂分裂組織　143
系統樹　25, 27
欠失　39
ゲノム　37
ゲノムサイズ　176
ゲノム重複　39
原核細胞　75
嫌気性　72, 81
嫌気的環境　122
原口　169
原始地球環境　61
減数分裂　130, 148, 227
原生代　95
現代型進化動物相　108, 109
光合成独立栄養生物　73
交差　227
紅色植物　127
酵素　43, 66
行動の操作　197
国際標準模式層断面及び地点　116, 122
コクホウジャク　236

コケ植物　134, 148
古細菌　75, 76
古生代型進化動物相　108, 109
古生物学　19
個体差　29, 30
五大絶滅　110
固定　44, 46
コドン　38, 52
ゴリラ　240
根端分裂組織　143
ゴンドワナ大陸　119
ゴンドワナ超大陸　110

● さ　行

栽培共生　215
細胞外共生　216
細胞骨格　80
細胞質不和合　202
細胞小器官　75, 82
細胞内寄生　193
細胞内共生　81, 206, 218
細胞内の区画化　79
鰓裂　169
SINE　182, 183
萌芽　148
サヘラントロプス　243
左右相称動物　90, 166
サンガー法　183
酸化的環境　119
酸素　102
酸素ガス　79
酸素同位体　117
酸素発生型の光合成　81
三葉虫　111, 115
シアノバクテリア　81, 83
自家受粉　229
自家不和合性　229

自己複製　63
自殖　229
雌蕊　160
雌性胞子　154, 157
雌性胞子嚢　154
自然選択　29, 30, 33, 35
自然選択説　208
シダ類　139, 152
ジデオキシ法　183
シトクロム C　51
シトシン　36
社会寄生　194
弱有害変異　55
種　23
珠　154
従属栄養生物　73
集団のサイズ　54
宿主　81, 189, 206, 211
宿主特異性　188, 197
種形成　24
種子　155
種子植物　141, 154
珠心　157, 159
『種の起源』　29
種皮　154
珠皮　154, 157, 159
種分化　16, 24
種鱗　159
種鱗苞鱗複合体　158
消化共生　212
小胞子　138
小胞輸送　79
小葉類　136, 149
シロウリガイ　74
人為選択　35
進化　15, 16, 18, 19, 207
進化学説　208

真核細胞　75, 79
真核生物　75, 76, 85, 127
進化生物学　207
進化の総合説　208
進化発生学　162
神経堤細胞　172
新口動物　90, 92, 169
真正クロマチン　185
真性細菌　75, 76
伸長因子 G　78
伸長因子 Tu　78
心皮　160
針葉樹類　140, 157
水腔動物　169
水蒸気　61
水生シダ類　152
水素　61
垂直感染　195
垂直伝達　218
水平感染　195
水平伝達　218
スモール・シェリー・フォッシル　91
3ドメイン説　76
性　209, 226
性決定遺伝子　234
精原細胞　157
精細胞　157
生殖　226
生殖隔離　24
生殖器官　226
生殖細胞　38, 130
生殖の操作　201
性染色体　232
性選択　236
性的二形　237
性転換　202
生物学的種概念　23

生物間相互作用　189
生物種の分岐　16
生物多様性　23, 206
脊索動物門　169
節　27
設計図　28
接合藻類　128, 145
絶対寄生　192
絶対共生　212
Z 染色体　233
ZW 型　233
絶滅　18
前維管束植物　133, 146
全ゲノム重複　180
染色体　37, 43, 227
染色体分配の偶然性　227
選択　208
前裸子植物　141
セン類　134, 148
操作　188
相似　24, 163
造精器　132, 147, 154
相同　24, 163
挿入　39
造卵器　132, 147, 154
相利　189, 206, 210
側生動物　89
ゾステロフィルム類　133, 136, 149
ソテツ類　142, 157

●た　行
ダーウィン *　29
退化　15
大気汚染　33
体軸　166
体節　167
体表共生　218

大胞子　138
太陽光　73
大量絶滅　116
タイ類　134, 148
多細胞動物　88, 89, 91, 94
脱皮動物　90, 92
立襟べん毛虫　166
W染色体　233
多様化　16
単為生殖　202
短鎖散在性核内反復配列　182
淡色型　32
単相　130
炭素源　73
炭素固定　59
炭素13　58
炭素12　58
炭素同位体　121
タンパク質　36, 38, 62
タンパク質ワールド仮説　63
チェック　66
チェンジャン　92
地質時代区分　21
地層　19
チミン　36
中胚葉　90
チューブリン　80
中立　192, 210
中立説　48
中立な突然変異　52
中立な変異　44, 45
長鎖散在性核内反復配列　182
調節領域　38
頂端分裂組織　128
腸内寄生　193
腸内共生　218
チンパンジー　240, 250

ツノゴケ類　134, 148
DNA　36, 38, 62
DNAトランスポゾン　182
デオキシリボヌクレオチド　62
適応　14
適応形質　30
適応的な進化　29
テトラヒメナ　66, 235
転写　65, 175
導管細胞　136
同系交配　229
同型胞子性　151, 154
ドウシャンツオ　95, 101, 103
同種間伝達　218
同所的種分化　24
道束細胞　136
トクサ類　139, 152
独立栄養生物　73
突然変異　38, 39, 44, 45, 209
ドメイン　78
トランスクリプトーム（transcriptome）　185
トリメロフィトン類　133, 138, 152, 154

●な　行
内在性レトロウイルス　183
内胚葉　89
内部寄生　193
内部共生　206, 209, 210, 218
ナメクジウオ　170
二酸化炭素　62
二次共生　82, 126
二胚葉性動物　92
任意寄生　193
任意共生　212
ヌクレオソーム　185
ネアンデルタール人　245, 250

ネオダーウィニズム　208
熱水噴出孔　74
脳の容量　250
ノード　27
ノーマログラプタス・エクストラオーディ
　ナリウス　111, 114, 116, 118, 119

●は 行
バージェス　92
胚　154, 160
配偶子　148, 226
配偶者選択　236
配偶体　130, 146
配偶体世代　148
胚珠　157
倍数体化　181
バイソラックス複合体　167
胚葉　166
胚葉性　89
ハウスキーピング遺伝子　179
ハオリムシ　74
バクテリア　75
薄嚢シダ類　139, 152
Pax 6　164
発光共生　216
発生　162
発生プログラム　162
花　159
ハナヤスリ類　139, 152
パラントロプス　244
半減期　21
ヒカゲノカズラ類　136, 149
非コード RNA　176
ヒト　240
ヒト免疫不全ウイルス　53
氷期　116, 117, 118
日和見病原体　192

ヒルナンシア動物相　118
ヒルナンシアン期　110, 111, 114, 118, 119
ヒルナンシアン動物相　114
フィブリノペプチド　51
複相　130
筆石　111
筆石類　112
不稔　181
不利　30, 41
不利な突然変異　49
プロテインキナーゼ C α　51
プロテオーム（proteome）　185
分岐　27
分岐年代　49
分子系統学　178
分子進化学　178
分子進化速度の一定性　50
分子進化の中立説　44
分子時計　49
分子レベルの進化　55
分節　167
分泌物伝達　221
分類　23
並層分裂　148
ヘテロクロマチン　185
ヘモグロビン　49
変異　29, 30, 38, 44, 208
片利　192, 206, 210
防衛共生　216
胞子　148
胞子体　130, 146
胞子体世代　148
胞子嚢　132, 148, 150, 152, 154, 157
胞子嚢穂　157
放射性同位体　20
放射相称動物　166
放射年代測定法　20

苞鱗　159
ホールデン　60
捕食　190
捕食寄生　193
Hox 遺伝子　102, 104
Hox 遺伝子群　167
ボディプラン　162
ボノボ　240
ホメオティック遺伝子　167
ホメオティック変異　169
ホメオドメイン　167
ホモ・エレクトス　245
Homo sapiens　240
ホモ属　245, 250
ボルバキア　188, 201
翻訳　65

●ま 行
マイクロサテライト　182
マツバラン類　139, 152
マルサス　29
水通導組織　132
ミズニラ類　136, 149
ミトコンドリア　82, 83, 246, 248
ミトコンドリア・イブ　247
ミラー　61
ミラーの実験　61
無顎類　171
虫こぶ　188, 200
無性生殖　226
メタン　61
最も近い共通祖先　73

●や 行
葯　159
有顎類　172
ユーカリア　75

雄蕊　159, 160
有性生殖　148, 226, 230
雄性胞子　155
有利　30, 41
ユーリー　61
有利な突然変異　49
ユノハナガニ　74
葉緑体　83
ヨルギア　99

●ら 行
LINE　182
裸子植物　141, 157
卵細胞　157
卵巣伝達　222
卵塗布伝達　219
陸上植物　128
陸上動物　126
リニア類　133, 136
リボザイム　66
rRNA　77
リボソーム RNA　77
リボヌクレオチド　62
硫化水素　74, 119, 122
リュウビンタイ類　139, 152
緑色植物　127
LOEM　94, 104
レトロトランスポゾン　182
労働寄生　193

●わ 行
Y 染色体　232, 234, 247
腕足動物　114

分担執筆者紹介

(執筆の章順)

大野　照文 (おおの・てるふみ) ・執筆章→第6・7章

1951年	京都府に生まれる
1974年	京都大学理学部卒業,
1983年	京都大学大学院理学研究科博士課程単位修得
現在	高田短期大学　図書館長　特任教授・Dr. rer. Nat.
専攻	古生物学・実践生涯学習学
主な著書	古生物学的観点からみた多細胞動物への進化「無脊椎動物の多様性と系統」(裳華房, 共著)
	D. E. G. ブリッグス著, バージェス頁岩化石図譜 (朝倉書店, 監訳)
	先カンブリア時代からカンブリア紀の生命の歴史「シリーズ　進化学」第1巻 (岩波書店, 共著)
	だれもが楽しめるユニバーサル・ミュージアム「博物館で学びの起こるとき」(読書工房, 共著)
	侯先光 他著　澄江生物群化石図譜―カンブリア紀の爆発的進化― (朝倉書店, 監訳)
	体験学習プログラム「サワッテミルカイ」の開発「世界をさわる」(文理閣, 共著)
	博物館とバリアフリー「知のバリアフリー『障害』で学びを拡げる」(京都大学学術出版会, 共著)

長谷部　光泰 (はせべ・みつやす) ・執筆章→第8・9章

1963年	千葉県に生まれる
1991年	東京大学大学院理学系研究科植物学専攻博士課程中退
現在	自然科学研究機構基礎生物学研究所教授・総合研究大学院大学生命科学研究科教授 (兼任)・博士 (理学)
専攻	発生進化学
主な著書	共著「多様性の植物学2　植物の系統」東京大学出版会 (2000)
	共著「発生と進化」岩波書店 (2004)
	共訳「維管束植物の形態と進化」文一総合出版 (2002)
	監修「植物の進化」秀潤社 (2007)
	共編「植物の百科事典」朝倉書店 (2009)
	共著「植物地理の自然史」北海道大学出版会 (2012)
	監修「進化の謎をゲノムで解く」(2015)

工樂　樹洋（くらく・しげひろ）

・執筆章→第 10・11 章

1976 年	奈良県に生まれる
1999 年	京都大学 理学部 卒業
2004 年	京都大学大学院 理学研究科 博士課程単位取得認定退学
2005 年	理化学研究所 発生再生科学総合研究センター 勤務
2007 年	ドイツ・コンスタンツ大学 自然科学部 進化生物学講座 教員
2012 年	理化学研究所 ライフサイエンス技術基盤研究センター ユニットリーダー
2018 年	理化学研究所 生命機能科学研究センター ユニットリーダー
2019 年	理化学研究所 生命機能科学研究センター チームリーダー
2021 年～現在	国立遺伝学研究所 教授・博士（理学）
専攻	分子進化学，ゲノム情報学，発生生物学
主な著書	進化学事典（分担，共立出版） シリーズ 21 世紀の動物科学 3.動物の形態進化のメカニズム（分担，培風館） 進化―分子・個体・生態系（共訳，メディカルサイエンスインターナショナル）

深津　武馬（ふかつ・たけま）

・執筆章→第 12・13 章

1966 年	東京都に生まれる
1989 年	東京大学 理学部 動物学教室卒業
1994 年	東京大学大学院 理学系研究科 動物学専攻 博士課程修了
現在	国立研究開発法人産業技術総合研究所 生物プロセス研究部門 首席研究員・理学博士 東京大学大学院 理学系研究科 生物科学専攻 教授（兼任） 筑波大学大学院 生命環境科学研究科 教授（連携大学院）
専攻	進化生物学・昆虫学・微生物学
主な著書	【対話】共生（共著　慶應義塾大学出版会） 進化の謎をゲノムで解く（分担　学研メディカル秀潤社） 生物の生存戦略：われわれ地球生物ファミリーはいかにしてここにかくあるのか（分担　クバプロ） シリーズ 21 世紀の動物科学 11.「生態と環境」（分担　培風館） アブラムシの生物学（分担　東京大学出版会） 生物がつくる＜体外＞構造―延長された表現型の生理学（監訳　みすず書房） ウォーレス現代生物学（上・下）（共訳　東京化学同人）

編著者紹介

二河　成男（にこう・なるお）
・執筆章→第1・2・3・4・5・14・15章

1969年	奈良県に生まれる
1997年	京都大学大学院理学研究科博士課程修了
現在	放送大学教授・博士（理学）
専攻	生命情報科学・分子進化
主な著書	『現代生物科学』（共編著　放送大学教育振興会）
	『初歩からの生物学』（共編著　放送大学教育振興会）
	『動物の科学』（共編著　放送大学教育振興会）
	『進化―分子・個体・生態系』（共訳　メディカル・サイエンス・インターナショナル）
	『生命分子と細胞の科学』（編著　放送大学教育振興会）

放送大学教材　1562851-1-1711（テレビ）

生物の進化と多様化の科学

発　行　　2017 年 3 月 20 日　第 1 刷
　　　　　2022 年 1 月 20 日　第 3 刷
編著者　　二河成男
発行所　　一般財団法人　放送大学教育振興会
　　　　　〒105-0001　東京都港区虎ノ門 1-14-1　郵政福祉琴平ビル
　　　　　電話　03（3502）2750

市販用は放送大学教材と同じ内容です。定価はカバーに表示してあります。
落丁本・乱丁本はお取り替えいたします。

Printed in Japan　ISBN978-4-595-31748-4　C1345